超絶！面白くて眠れなくなる数学

桜井 進

PHP文庫

○本表紙図柄＝ロゼッタ・ストーン（大英博物館蔵）
○本表紙デザイン＋紋章＝上田晃郷

はじめに

カバーに描かれたイラストをご覧ください。

「長方形を切り分けて直角二等辺三角形に並びかえる」というイラストは、江戸時代の和算（日本独自の数学）本『勘者御伽双紙』に掲載された問題をアレンジしたもので、「裁ち合わせ」とよばれる数学パズルです。

「裁つ」とは「裁ちばさみ」からもわかるように、紙や布などをある寸法に切ること、特に、衣服を仕立てるために型に合わせて布地を切ることを意味しています。

「裁ち合わせ」は江戸時代の人々に大変な人気があり、和算本『改算記』や『和国知恵較』には、さまざまな問題が掲載されました。

「裁ち合わせ」に多く見られるのは、「長方形を裁ち合わせて正方形をつくる」という問題です。これに対して、正方形をばらばらにしてさまざまな形をつくるのが「清少納言知恵の板」とよばれるシルエットパズルです（詳しくは九六～一一三頁）。

江戸時代の和算の大きな特徴は、庶民が目を引く興味深い問題が数多く出版された点にあります。問題の身近さ、イラストのセンスの良さ、出版物としての質の高さ、多くの要素が重なり数学が庶民に浸透していきました。

こうした質の高い数学パズルのおかげで、日本人は、子どもの頃から数の世界に気軽に入ることができたのです。それがひいては、江戸時代に多くの優秀な数学者を生み出すことへとつながっていきました。

数学の教科書がいい例ですが、数学の専門書に繰り広げられる極めて抽象的な風景を味わうには一種独特な想像力が要求されます。なじみがない人にとって、数学書は殺風景でどこまでもモノクロームな世界にしか映らないことでしょう。

しかし、ひとたび想像力が身についてくるとその景色は一変します。頭の中でつくりだされる数や形が動きだし、彼らは実に生き生きと躍動感あふれるストーリーを展開していきます。その魅力に出会った人は、気が付くと「数という主人公」に感情移入している自分の姿を発見することでしょう。

本書は「数学の入り口」を紹介した本です。

スマートフォンを動かす計算。

ピアノの調律にひそむ数。

「スーパーコンピュータ京（けい）」と共にある日本の単位。

クラスに同じ誕生日がいる確率を見つける方法など、身近にある数や図形たちを紹介していきます。

大切にしているのは、数学を探究した人間に焦点をあてること。そこから私たち人間と数学が織りなすストーリーを楽しむのも「数学のたのしみ」の一つです。

本書を読み終えたとき、読者の皆さんは心の中で何かが変化するのを感じ取ることでしょう。それは、私たちの中に生きる数と図形たちの存在です。彼らが内なるところで私たちにささやきかける「声なき声」が聞こえてきます。

計算とは旅
イコールというレールを数式という列車が走る

さぁ、まだ見ぬ数や図形の秘密と出会う旅に出かけましょう。

目次

Part I

超絶！ 面白くて眠れなくなる数学

3

Part Ⅱ

数学は謎と驚きに満ちている

Part Ⅲ

しびれるくらいに美しい数学

番外編

ビックリ！ とっておきの計算術

本文デザイン&イラスト：宇田川由美子

Part I

超絶！ 面白くて眠れなくなる数学

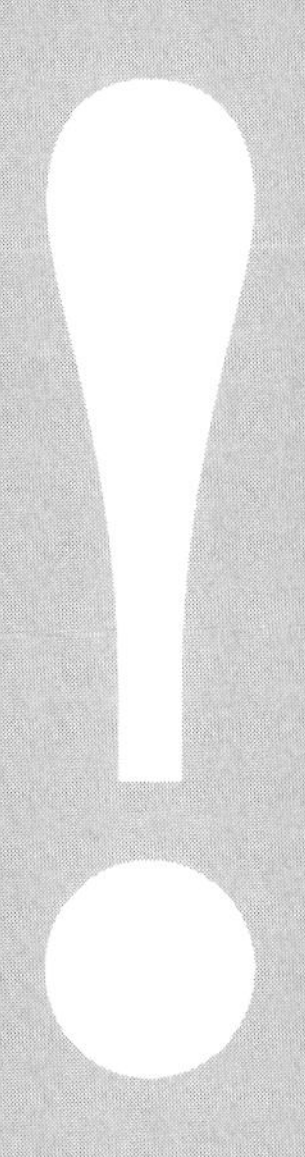

一秒長い一日――うるう秒のはなし

〝ずれ〟から始まる数学

「一年」という時間は「地球が太陽の周りを一周する時間」をもとに決められました。しかし、この二つの時間には、微妙な〝ずれ〟があります。

一年は「ぴったり三百六十五日」ではなく、「三百六十五・二四二二日」であり、〇・二四二二日という端数の調整のために、「うるう日」が必要になります。

同じように一秒という時間は、地球が一回自転する時間をもとに決められました。もともとの「一秒」の定義は「地球の自転時間の八万六四〇〇分の一」です。

それが、現在では原子時計という非常に正確な時計の発明によって、一秒は原子時計により定義されるようになりました。

ちなみに、日本の「一秒」は、「セシウム百三十三の原子の基底状態の二つの超微細準位の間の遷移に対応する放射の周期の九十一億九千二百六十三万千七百七十倍に等しい時間」（計量単位令別表第一第3項）と定義されています。このセシウム133原子を用いた原子時計は、数十万年に一秒ずれるだけという高い精度です。

原子時計のおかげで正確な時間が測定できるようになったことで、地球の回転速度にはムラがあり、一定の速度で回転していないことが明らかになりました。

太陽や月の引力、海流や大気の循環、地球内部の核といわれる部分が動いていることが影響しているため、地球が一回自転する時間は一定ではないのです。

さらには、地震も地球の自転に影響を与えることがわかってきました。

地球の自転は監視されている

こうして、現在、世界には二つの「時刻」が存在します。地球の自転をもとに決められている「世界時」と、原子時計にもとづいて決められている「国際原子時」です。

そのため、「世界時」と「国際原子時」にずれが生じてしまうのです。このずれ

◆二つの時刻

国際原子時

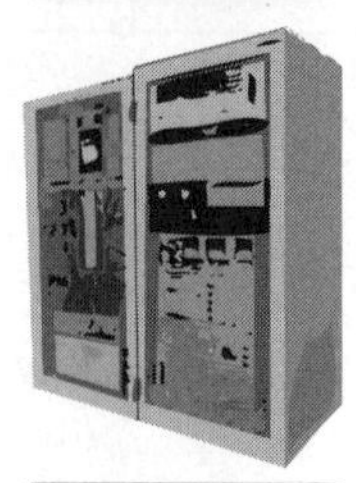

基準：原子時計

基準が違うため、
ずれが
生じてしまう！

世界時

基準：地球の自転

をなくすためにあるのが「うるう秒」です。

地球の回転の観測を行う国際機関が「国際地球回転・基準系事業」(ＩＥＲＳ：International Earth Rotation & Reference Systems Service)です。「ＩＥＲＳ」は地球の自転を監視しており、「世界時」と「国際原子時」にずれが生じてきた場合に「うるう秒挿入の決定」を行い、その指示をもとに世界でいっせいに「うるう秒の調整」が行われています。

うるう秒は「国際原子時」の時刻を一秒だけ調整します。これまで、二四回「うるう秒」として一秒が追加されてきました。通常、二十三時五十九分五十九秒の一秒後は、〇時〇分〇秒となりますが、「うるう秒」が実施される時は、「二十三時五十九分六十秒」となり、その一秒

◆2012年6月30日から7月1日への日付変更に伴う「うるう秒」

後に〇時〇分〇秒となります。

「うるう年」も「うるう秒」も正確な天体観測と正確な時計をつくるという二つの追求の結果、考え出されたものなのです。

二〇二三年時点で、直近の「うるう秒」の挿入は、二〇一七年一月一日午前九時（日本時間）に行われました。

「うるう秒」は一九七二年七月一日から今まで二七回実施されましたが、現代においては、「うるう秒」がシステム上のさまざまな問題を引き起こしているため、「うるう秒」に代わる変更案が議論されています。

時間は、私たちの生活の基本です。一年、一日、一秒という時を通して「数」がいかに役立っているかがわかりますね。

クラスに同じ誕生日の人がいる確率

確率ってなに？

入学したての頃やクラス替えがあったとき、知らない顔ばかりに囲まれて緊張したことは、きっと誰にでもあったでしょう。

ぎこちない会話の中、話題の入り口として、新しい友だちと誕生日を確認しあったことも、大人になった今では懐かしい思い出です。もし、話しかけた新しい友だちが同じ誕生日だったら二人ともびっくりしたことでしょう。「めったに起こらないことが起きた！」と思うからです。

出来事の起こりやすさを表すのが「確率（たしからしさ）」という数です。よく起きることは「確率が高い」、めったに起きないことは「確率が低い」といいます。

必ず起きることは「確率一」（一〇〇％）で、まったく起きないことは「確率〇」（〇％）です。雨が降る確率「降水確率」が八〇％だったら、多くの人は傘を持っ

◆クラスに少なくとも1組の同じ誕生日の人がいる確率の求め方

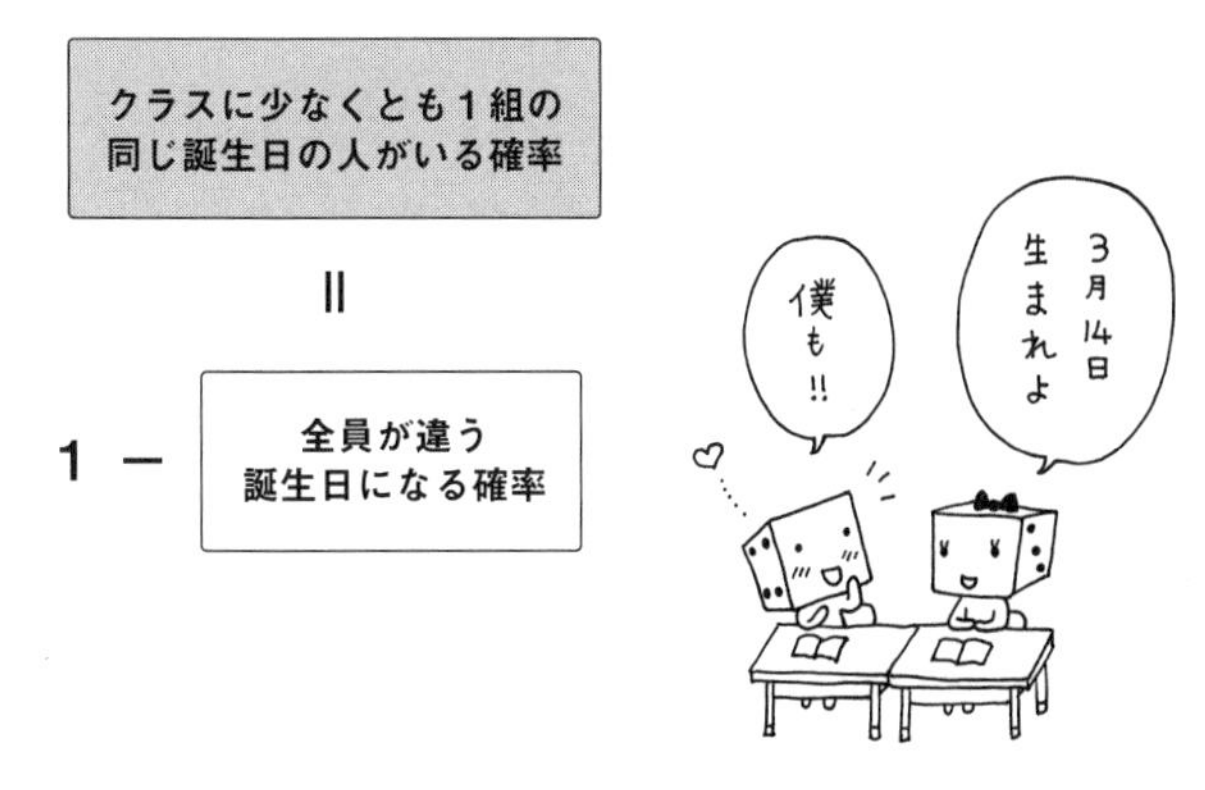

て出かけますが、三〇％だったら傘を持っていくべきかどうか迷うかもしれません。

誕生日が同じになる確率を計算

さて、一年三百六十五日のどの日に生まれるかは、偏り(かたよ)がないということを前提に、「クラスに同じ誕生日の人がいる確率」を計算してみましょう。

まず、全員が違う誕生日になる確率を求めます。

二人目が、一人目と異なる誕生日になる確率は三六五分の三六四です。三人目が先の二人と異なる誕生日になる確率は、三六五分の三六三です。

そうすると、一クラス二三人の場合、二

◆クラス(23人)全員が違う誕生日になる確率は？

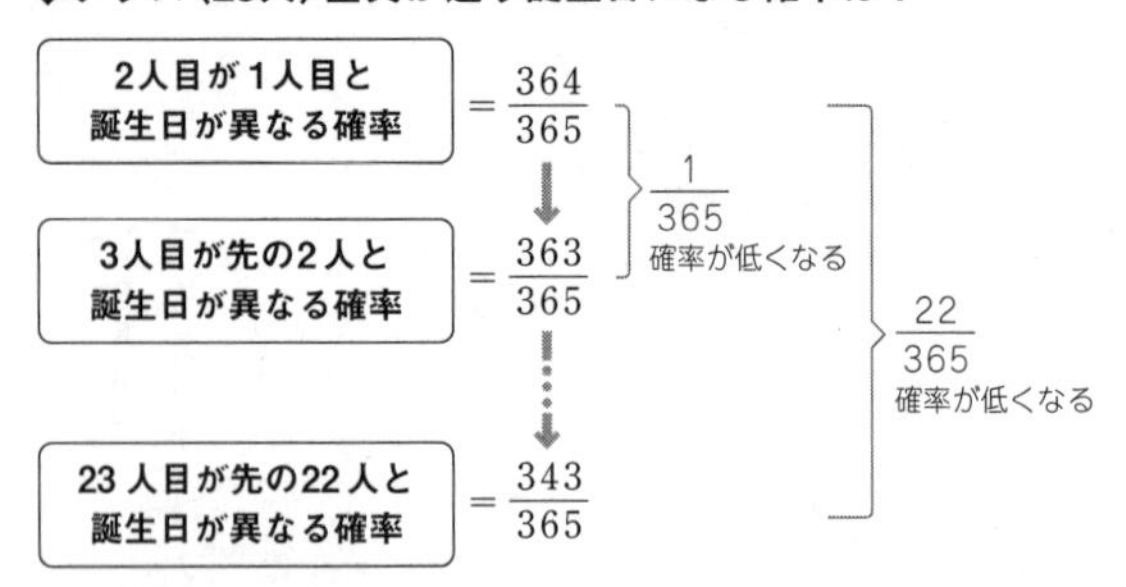

三人目の人が先の二二人と誕生日が異なる確率は三六五分の三四三となります。

全員が違う誕生日になる確率は、それぞれの確率をかけて、「$\frac{364}{365}\times\frac{363}{365}\times\cdots\times\frac{343}{365}$＝0・4927…」と計算されます。

この逆を考えると、「クラスに少なくとも一組の同じ誕生日の人がいる確率」は、「一－〇・四九二七＝〇・五〇七三」となります。これは五割を超えていますね。

仮に二三人のクラスが学年に四つあれば、そのうちの五割、つまり二クラスに同じ誕生日の人がいることを意味します。

クラスの人数が増えると、「クラスに少な

◆クラスに少なくとも１組の同じ誕生日の人がいる確率は？

$$1 - 0.4927 = 0.5073$$

約 50.7％ということは…
４クラスのうち２クラスに１組は
同じ誕生日の人がいる！

くとも一組の同じ誕生日の人がいる確率」が高くなります。

それでは、実際にどの程度高くなるのでしょうか。同じように計算してみましょう。

クラスの人数が三五人を超えると、確率は八割を超えるので、同じ誕生日の人が同じクラスにいることは、全然珍しいことではなくなります。

もしクラスに五七人いれば、その確率はなんと九九％になります。

数学的には高い確率で起こりうる

子どもの頃には「クラスの誰かと誰かの誕生日が同じであること」は、どこか特別で、めったにない神秘的なものに感じられまし

◆クラスの人数が増えると…

＊35人の場合

全員が違う誕生日になる確率 $= \frac{364}{365} \times \frac{363}{365} \times \cdots \times \frac{331}{365} = 0.1856 \cdots$

クラスに少なくとも１組の同じ誕生日の人がいる確率 $= 1 - 0.1856 = 0.8144$

約 81.4%！

＊57人の場合

全員が違う誕生日になる確率 $= \frac{364}{365} \times \frac{363}{365} \times \cdots \times \frac{309}{365} = 0.0099 \cdots$

クラスに少なくとも１組の同じ誕生日の人がいる確率 $= 1 - 0.0099 = 0.9901$

約 99%！

◆クラスに少なくとも1組の同じ誕生日の人がいる確率

クラスの人数（人）	25	28	30	33	35	38	40	57
確率	57%	65%	71%	77%	81%	86%	89%	99%

クラスの人数が増えるにつれて、
確率はどんどん高くなる！

た。

しかし、数学的にみれば、実はそれはかなり高い確率で「起こりうること」でした。無邪気に驚いていた当時のことを思い出すたびに、どこかほほえましいような懐かしい気持ちになります。

スーパーコンピュータ京と富岳とペタ

世界一のスーパーコンピュータ

二〇二〇年六月と十一月と、二〇二一年六月と十一月に、計算速度ランキング「TOP500」で世界一位を獲得したスーパーコンピュータ「富岳」。前身の「京（けい）」が二〇一一年六月と十一月に世界一位を獲得して以来の世界一位でした。

「京」は、一秒間に一京（一兆の一万倍）回、そして「富岳」は約四十四京回という驚異的な演算能力を持っています。

京は、数の大きさを表す〈単位〉です。ここで私たちの身近なコンピュータの〈単位〉について、紹介していこうと思います。

メガ、ギガ、テラ、そして…

デジタルカメラやスマートフォンなどでもおなじみの記憶容量。一九九〇年代後半、パソコン用の一ギガバイトのハードディスク（ＨＤ）は一〇万円程の価格でした。

それから時を経て、現在、一テラバイトのハードディスクは、一万円以下で手に入るまでに技術は進歩しています。

そして、技術の進歩は〈単位〉に現れます。

そのわかりやすい例がハードディスクの容量です。

日本の場合は万よりも大きい数は、一万倍ごとに単位が変わります。例えば、一万、一〇万、一〇〇万、一〇〇〇万、そして次に一億となります。それに対し、「ショートスケール」といわれるアメリカやイギリスで使われている単位があります。Thousand（サウザンド、千）、Million（ミリオン、百万）、Billion（ビリオン、十億）、Trillion（トリリオン、一兆）、Quadrillion（クワドリリオン、千兆）、Quintillion（クインティリオン、百京）、Sextillion（セクスティリオン、十垓）、Septillion（セプティリオン、一秭〔一𥝱〕）。ＳＩ接頭語（二六頁参照）は最高でヨタ（yotta＝Septillion）までですが、「ショートスケール」にはさらに上があります。

◆SI単位一覧

SI 接頭語				英語の単位（ショートスケール）	日本の単位
ヨタ（yotta）	Y	10^{24}	1,000,000,000,000,000,000,000,000	Septillion	一秭（いちし）（𥝱（じょ））
ゼタ（zetta）	Z	10^{21}	1,000,000,000,000,000,000,000	Sextillion	十垓（じゅうがい）
エクサ（exa）	E	10^{18}	1,000,000,000,000,000,000	Quintillion	百京
ペタ（peta）	P	10^{15}	1,000,000,000,000,000	Quadrillion	千兆
テラ（tera）	T	10^{12}	1,000,000,000,000	Trillion	一兆
ギガ（giga）	G	10^{9}	1,000,000,000	Billion	十億
メガ（mega）	M	10^{6}	1,000,000	Million	百万
キロ（kilo）	k	10^{3}	1,000	Thousand	千
		10^{0}	1	One	一

二五頁の表をご覧ください。Duovigintillion（デュオヴィギンティリオン、10^{69}）で「1無量大数（たいすう）＝10^{68}」を超えます。

最後のMillinillion（ミリニリオン）は、数字で表すと「1」の後ろに「0」が三〇〇三個も続く大変に大きい数ですが、大乗仏教の経典の一つ『華厳経（けごんきょう）』に登場する単位（『超面白くて眠れなくなる数学』の〝億はどうして「億」と呼ぶ？〟を参照）に比べればはるかに小さいものです。

ちなみに『華厳経』に登場する単位の「阿（あ）婆羅（ばら）＝10^{1792}」と「多婆羅（たばら）＝10^{3584}」の間にMillinillion（ミリニリオン10^{3003}）はあります。

◆まだまだある！ 英語の単位（ショートスケール）

Thousand	10^{3}
Million	10^{6}
Billion	10^{9}
Trillion	10^{12}
Quadrillion	10^{15}
Quintillion	10^{18}
Sextillion	10^{21}
Septillion	10^{24}
Octillion	10^{27}
Nonillion	10^{30}
Decillion	10^{33}
Undecillion	10^{36}
Duodecillion	10^{39}
Tredecillion	10^{42}
Quattuordecillion	10^{45}
Quindecillion	10^{48}
Sexdecillion	10^{51}
Septendecillion	10^{54}
Octodecillion	10^{57}
Novemdecillion	10^{60}
Vigintillion	10^{63}
Unvigintillion	10^{66}
Duovigintillion	10^{69}

Unviginticentillion	10^{366}
Trigintacentillion	10^{393}
Quadragintacentillion	10^{423}
Quinquagintacentillion	10^{453}
Sexagintacentillion	10^{483}
Septuagintacentillion	10^{513}
Octogintacentillion	10^{543}
Nonagintacentillion	10^{573}
Ducentillion	10^{603}
Trecentillion	10^{903}
Quadringentillion	10^{1203}
Quingentillion	10^{1503}
Sescentillion	10^{1803}
Septingentillion	10^{2103}
Octingentillion	10^{2403}
Nongentillion	10^{2703}
Millinillion	10^{3003}

キロバイトは二つある？

話を元に戻しましょう。ギガからテラに単位が一つ上がったということは「一〇〇〇倍」を意味することになります。キロやギガなどを「SI接頭語」といいます。「SI」は国際単位系（The International System of Units）のことです。一〇〇〇倍（10^3倍）ごとにキロからメガ、メガからギガ、ギガからテラへと単位が変わるのです。例えば、長さが一ギガメートルから一テラメートルになった場合には一〇〇〇倍の長さになるということです。

ところが、ハードディスクの容量は、ちょっと事情が異なります。

デジタル電子計算機の情報量の単位はビットです。「1ビット」とは「0と1」の二つ、「2ビット」は「00、01、10、11」の四つの情報量となります。「nビット」は「2のn乗個」の情報量になります。そして、「8ビット」で「1バイト」とまとめられます。

通常、このバイトをメモリやハードディスクの情報量の単位としています。「1キロバイト」は本来一〇〇〇バイトを表すのですが、「2^{10}＝一〇二四バイト」を表

◆ハードディスクの容量

キロバイト (kB または KB)	2^{10}	1,024 バイト
メガバイト (MB)	2^{20}	1,048,576 バイト
ギガバイト (GB)	2^{30}	1,073,741,824 バイト
テラバイト (TB)	2^{40}	1,099,511,627,776 バイト
ペタバイト (PB)	2^{50}	1,125,899,906,842,624 バイト
エクサバイト (EB)	2^{60}	1,152,921,504,606,846,976 バイト
ゼタバイト (ZB)	2^{70}	1,180,591,620,717,411,303,424 バイト
ヨタバイト (YB)	2^{80}	1,208,925,819,614,629,174,706,176 バイト

詳しく計算すると……

1キロバイト ＝ 1,024 バイト

1メガバイト ＝ 1,024 キロバイト
＝ 1,024 × 1,024 バイト
＝ 1,048,576 バイト

1ギガバイト ＝ 1,024 メガバイト
＝ 1,024 × 1,024 キロバイト
＝ 1,073,741,824 バイト

1テラバイト ＝ 1,024 ギガバイト
＝ 1,024 × 1,024 メガバイト
＝ 1,099,511,627,776 バイト

すのが慣例となっています。「2^{10}」は、ほぼ「一〇〇〇」に等しいということから、このような表記になりました。前頁の二つの表をご覧ください。

したがって、ハードディスクの容量が、「ギガからテラに変わる」とは一〇二四倍になるということです。

ハードディスクを購入すると、説明書にはこの旨が注意書きとして記載されています。

ハードディスクはその昔、一ギガバイトが一〇万円していました。現在では一テラバイトが一万円以下です。容量が一ギガから一テラに約一〇〇〇倍、価格は一〇万円から一万円と一〇分の一になったので、トータルで一万倍もコストパフォーマンスが向上したことになるわけですね。

テラ1ペタへ！

そして時代は、ペタへ突入しています。いまの電子計算機は昔のスーパーコンピュータの処理速度を軽く超えています。計算機の処理速度の単位は、FLOPS

(フロップス、Floating point number Operations Per Second) で表します。浮動小数点演算を一秒間に一回実行できる処理速度を「1FLOPS」といいます。

例えば、ゲーム機である「プレイステーション2」は、約六ギガFLOPSです。

一九七〇年代のスーパーコンピュータ「CRAY-1」が一六〇メガFLOPSだったので、大ざっぱに単位部分のメガとギガだけを比べても「プレイステーション2」は昔のスーパーコンピュータよりも一〇〇〇倍、処理速度が向上したことがわかります。

また、IBMのスーパーコンピュータ「ディープ・ブルー」はチェス専用マシンとして開発されました。

一秒間に二億手先まで読んで、対戦相手が何を考えているかを予測するという能力をもったモンスターマシンでした。

そこに使われたのが、相手の指す手がどれだけ有効かを判断する「評価関数」というものです。

「ディープ・ブルー」は、当時のチェスの世界チャンピオンと勝負をして、勝利を収めました。この「ディープ・ブルー」が約一一ギガFLOPSですから、「プレイステーション2」が、いかに高性能であるかがわかります。

熾烈な開発競争はいつの間にかテラFLOPSを超えて、ついにペタFLOPSに突入しました。

最初に一ペタFLOPSに到達したのは、米エネルギー省のRoadrunner（ロードランナー）という核兵器の研究用スーパーコンピュータでした。

もはや「スーパーコンピュータ」を略した「スパコン」の時代は過去のものとなり、「ペタコン（ペタFLOPSスーパーコンピュータ）」の時代に突入していきます。二〇一〇年には、日本初のペタコンが完成しました。東京工業大学の「TSUBAME2・0」で、処理速度は二・四ペタFLOPSです。

二・四ペタFLOPSを日本の単位で表すと、二四〇〇兆FLOPSとなります。

その結果、日本では次の目標として一京FLOPSのスーパーコンピュータの実現を目指すことになり、完成したのが、二〇一一年の一〇ペタFLOPSのスーパーコンピュータ「京」でした。

◆「ヨタ」以上のSI接頭語が必要？

	SI接頭語	日本の単位
10^{28}		一穣
10^{27}		
10^{26}		
10^{25}		
10^{24}	1ヨタ	一秭（𥝱）
10^{23}		
10^{22}		
10^{21}	1ゼタ	十垓
10^{20}		一垓
10^{19}		
10^{18}	1エクサ	百京
10^{17}		
10^{16}	10ペタ	一京
10^{15}	1ペタ	千兆
10^{14}		
10^{13}		
10^{12}	1テラ	一兆
10^{11}		
10^{10}		
10^{9}	1ギガ	
10^{8}		一億

ヨタコンvs.秭速計算機

二〇二二年、約四百ペタFLOPSの「富岳」の上をいくエクサFLOPSのスーパーコンピュータ「Frontier」（アメリカ、一・五エクサFLOPS）がついに実現し、「TOP500」で世界一位になりました。

すると今度は日本は、その一〇〇倍の一垓FLOPSスーパーコンピュータ「垓速計算機」という具合にエスカレートしていくことになるのでしょうか――。

ひょっとしたら、ひとっ飛びに垓とゼタを超えて、ヨタと秭（杼）を目指すようになっているかもしれません。ちょうど「一ヨタ＝一秭（杼）」ですから、いい勝負になります。そして、ヨタの上にいってしまうと、SI接頭語は用意されていないため新しいSI接頭語がつくられることにもなるでしょう。

でも日本は大丈夫。SI接頭語ではなく無量大数まである単位を使うことができるのですから。

これまでは日本でもメガやギガという英語の単位を使ってきましたが、いよいよスーパーコンピュータ「京」に至り、日本語で表現する時代になりました。

世界に知れ渡った都市、東京や京都の「京」は、こうして科学や数学の世界にも認識されるに至ったのです。

いままで何秒生きてきた!?

年齢を秒数で考える

「今年、お幾つですか?」と聞かれて単位を「秒」で答える人はいません。ほとんどの人が「年(〇〇歳)」で答えます。それがわかりやすいからです。秒で年齢を答えられてもピンときません。

私たちは毎日、一秒、一秒という時を刻みながら生きています。過ぎ去った時間に想いを馳せるために、生まれてから今日まで何秒生きてきたかを考えてみましょう。

一日は二十四時間、一時間は六十分、そして一分は六十秒です。一日の秒数は二十四(時間)×六十(分)×六十(秒)=八万六千四百(秒/日)となります。

さらに一年は三百六十五日なので、八万六千四百(秒/日)×三百六十五(日)=

三千百五十三万六千（秒／年）と計算できます。

この計算をもとに、生きてきた時間の長さを秒で表してみましょう。もちろん正確な計算は「うるう年」や「一カ月が三十日か三十一日か」を考えなければなりませんが、ここでは「一年は三百六十五日」「一カ月は三十日」と簡略化して計算します。

一億秒は何歳？

例えば、三歳の子は何秒生きてきたのでしょうか。

三千百五十三万六千（秒／年）×三（年）＝九千四百六十万八千（秒）となります。ほぼ一億秒です。子どもの頃、お風呂の中で数える十秒はとても長く感じたことでしょう。それに比べると、一億秒は気の遠くなるような時間です。たった三歳でも、秒に直すとこんなに生きているのですね。

それでは、ちょうど一億秒の時はいつになるか計算してみましょう。一億（秒）÷八万六千四百（秒／日）＝千百五十七・四…（日）となることから、千百五十七日から千百五十八日へと日付が変わる間に一億秒を超えるということです。

◆ちょうど1億秒はいつ？

100,000,000（秒）÷ 86,400（秒／日）＝ 1,157.4…（日）

1,157（日）＝ 365（日）× 3（年）＋ 30（日）× 2（ヵ月）＋ 2（日）

千百五十七日は、三百六十五（日）×三（年）＋三十（日）×二（カ月）＋二（日）ですから、およそ「三歳二カ月と二日」となります。もし小さいお子さんがいらっしゃれば、この日に「誕生後一億秒記念パーティ」を開くのも面白いかもしれません。

さまざまな年齢を秒数変換

こうして計算していくと、小学校を卒業するまでの十二年間は、三億七千八百四十三万二千秒、成人式を迎える二十歳では六億三千七十二万秒となります（※注：二〇二二年四月一日に成年が二十歳から十八歳に引き下げられたため、現在、成人式は二十歳で行う自治体と十八歳で行う自治体がある）。

◆人生の節目は何秒？

小学校を卒業するのは…	31,536,000（秒／年）×12（年）＝ 378,432,000（秒）
成人式（20歳※）を迎えるのは…	31,536,000（秒／年）×20（年）＝ 630,720,000（秒）
還暦（60歳）を迎えるのは…	31,536,000（秒／年）×60（年）＝ 1,892,160,000（秒）
喜寿（77歳）を迎えるのは…	31,536,000（秒／年）×77（年）＝ 2,428,272,000（秒）
100歳を迎えるのは…	31,536,000（秒／年）×100（年）＝ 3,153,600,000（秒）

六十歳の還暦では十八億九千二百十六万秒、七十七歳の喜寿では二十四億二千八百二十七万二千秒、百歳では三十一億五千三百六十万秒と、とてつもなく大きな数になっていきます。

ちなみに、十億秒をカウントするのは三十一歳八カ月十九日、二十億秒をカウントするのは六十三歳五カ月三日、三十億秒をカウントするのは九十五歳一カ月十七日となります。

ぜひ皆さんも「自分は何秒生きたか」を計算してみてください。なんでもない日が、実は何億秒かの記念日になっているかもしれません。

同じ時間の長さでも、年でとらえるか、秒でとらえるかで感じ方が全く違うと思いませんか。時には、時間の大切さを秒でかみしめてみてはいかがでしょうか。

◆ぴったりの秒数になるのはいつ？

10億秒を数えるのは

1,000,000,000（秒）÷ 86,400（秒／日）＝11,574.07…（日）

11,574（日）＝365（日）×31（年）＋30（日）×8（カ月）＋19（日）

31歳8カ月19日

20億秒を数えるのは

2,000,000,000（秒）÷ 86,400（秒／日）＝23,148.14…（日）

23,148（日）＝365（日）×63（年）＋30（日）×5（カ月）＋3（日）

63歳5カ月3日

30億秒を数えるのは

3,000,000,000（秒）÷ 86,400（秒／日）＝…34,722.22…（日）

34,722（日）＝365（日）×95（年）＋30（日）×1（カ月）＋17（日）

95歳1カ月17日

◆**年齢と秒数の早見表**

年齢	生きた秒数
1歳	31,536,000
3歳	94,608,000
3歳2カ月2日	100,000,000
10歳	315,360,000
12歳	378,432,000
20歳	630,720,000
30歳	946,080,000
31歳8カ月19日	1,000,000,000
40歳	1,261,440,000
50歳	1,576,800,000
60歳（還暦）	1,892,160,000
63歳5カ月3日	2,000,000,000
70歳（古希）	2,207,520,000
77歳（喜寿）	2,428,272,000
80歳（傘寿）	2,522,880,000
88歳（米寿）	2,775,168,000
90歳（卒寿）	2,838,240,000
95歳1カ月17日	3,000,000,000
100歳（百寿）	3,153,600,000
110歳	3,468,960,000
120歳	3,784,320,000

1億秒突破！

10億秒突破！

20億秒突破！

30億秒突破！

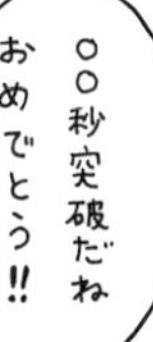

回文数(かいぶんすう)は鏡の世界のように

逆さから読んでも同じ数

「新聞紙（しんぶんし）」のように、前から読んでも後ろから読んでも同じ文を回文といいますね。そして、「12321」のように前から読んでも後ろから読んでも同じ数は「回文数(かいぶんすう)」といいます。

一桁の数から回文数を調べてみましょう。一桁の数「0、1、2、3、4、5、6、7、8、9」の一〇個がすべて回文数になるのは当たり前です。「0」は前後のいずれから読んでも「0」です。

そこで、二桁の数から回文数になるものを調べてみました。すると、「11、22、33、44、55、66、77、88、99」の九個が見つかりました。

三桁の数は「101、111、121、131、141、151、161、171、181、191、202、212、222、232、242、252、26

２、２７２、２８２、２９２、……、９０９、９１９、９２９、９３９、９４９、９５９、９６９、９７９、９８９、９９９」です。

一〇から一九九まで一〇個、二〇〇から二九九まで一〇個…というように、それぞれ一〇個ずつ回文数があるので、一〇〇から九九九までは全部で九〇個（一〇個×九）になります。

さて、回文数を数え続けましょう。

四桁の数は「１００１、１１１１、１２２１、１３３１、１４４１、１５５１、１６６１、１７７１、１８８１、１９９１」というように、一〇〇〇から一九九九までの中に一〇個あります。

回文数の個数は、三桁の数の場合と同じです。したがって、九九九九までの中に九〇個あることになります。

それでは、さらに大きな五桁の数はどうなるでしょうか？「まず一万から二万までの数字を順番に調べる」と考えた人がいるかもしれません。しかし、一つずつ調べるには数が大きすぎます。ここで注目すべきは「十、百、千の位」です。

まず「１０００１」から「１９９９１」までを数えてみましょう。

◆5桁の数の回文数の個数は…

10,001から19,991までの回文数の個数
＝000から999までの回文数の個数

000、010、020、030、040、050、060、070、080、090（10個）
101、111、121、131、141、151、161、171、181、191（10個）
⋮
909、919、929、939、949、959、969、979、989、999（10個）
→100個（10個×10）

20,002から29,992までの回文数の個数——100個
⋮
90,009から99,999までの回文数の個数——100個

→900個（100個×9）

これは「000」から「999」までの回文数の数と同じになります。

「000から090」までは「000、010、020、030、040、050、060、070、080、090」の一〇個があります。

先ほど調べた三桁の数には「101から191」、「202から292」、……、「909から999」まで、回文数はいずれも一〇個ずつ、計九〇個あります。したがって合わせて一〇〇個（一〇個＋九〇個）あることになります。

すると、「20002から29992」「30003から39993」……「90009から99999」には、どれも一〇

〇個ずつあるので、その合計は九〇〇個（一〇〇個×九）あることがわかりました。

「回文数」は、数が続く限り……

回文数は、数が続く限り、存在し続けます。

そんな回文数を眺めていると——まるで鏡の世界に迷い込んでしまったような——ふしぎな気持ちにさせられます。

「3」の物語──人類は「3」を求める

日本も世界も「三大〇〇」

日本を代表するものは「三つ」にまとめて表されることが多いのです。これを「日本三大〇〇」といいます。例えば、景色が美しい日本三景は「宮城県の松島」「広島県の宮島」「京都府の天橋立」。

また、日本三大祭はいくつかのいい方がありますが、代表的な例としては「京都府の祇園祭」「大阪府の天神祭」「東京都の神田祭」です。

同じように「世界三大〇〇」もあります。

世界三大河川といえば、南アメリカ大陸の「アマゾン川」、アフリカ大陸の「ナイル川」、北アメリカ大陸の「ミシシッピ川」です。

世界三大美術館は、アメリカの「メトロポリタン美術館」、フランスの「ルーブル美術館」、ロシアの「エルミタージュ美術館」。

世界三大珍味はチョウザメの卵「キャビア」、キノコの一種「トリュフ」、ガチョウやカモの肝臓「フォアグラ」です。

これ以外にも三個で一組のものはたくさんあります。三権といえば「司法、立法、行政」、光の三原色は「赤、青、緑」、徳川御三家といえば「尾張、紀州、水戸」、物質の三態は「固体、液体、気体」など挙げればきりがありません。

「二つでは少なく、四つでは多い。三つがちょうどいい」ということなのでしょうか。

数学の世界の「3」

数学の世界でも三個で一組になるものがあります。それは点です。三個の点を結んでできる面——それが三角形です。二つの点だけでは面はつくれません。

平面の世界は三角形でできあがっています。一種類で平面を埋め尽くすことができる正多角形は、「正三角形」「正方形」「正六角形」の三種類しかないことがわかっています。

◆平面を埋め尽くすことができる正多角形は三種類

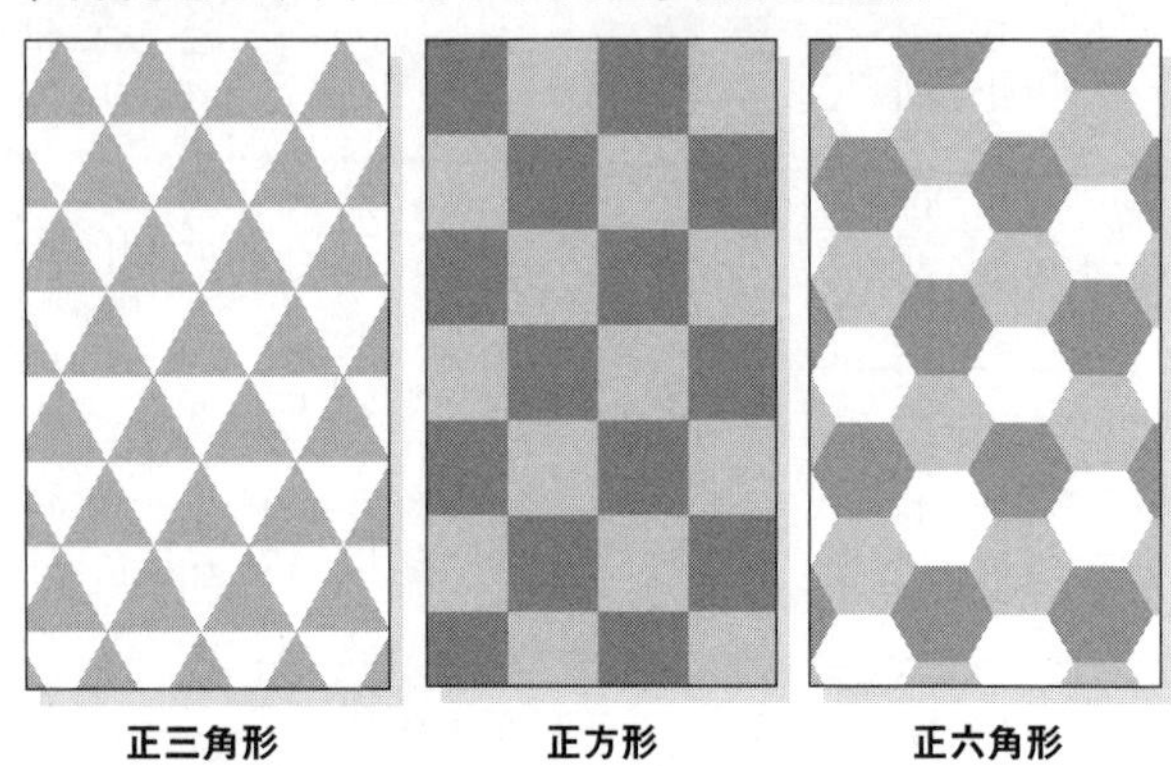

正三角形　正方形　正六角形

その昔、数は「1、2」、それ以上は「たくさん」でした。「3」は「たくさん」の「さん」のことだともいわれています。

ほかにも三個で一組のものを探してみましょう。

円周率を「3」とすると見えてくる

円周率とは、「円の直径と円周の割合」のことで、円の大きさにかかわらず、その値は約三・一四で変わりません。円周率の正確な値を求める数の世界の探索は四千年も前から続けられており、今なおその挑戦は終わっていません。

現在のところ、円周率は小数点以下の「十兆桁」まで計算されています。

◆どちらが長い？ 胴回りの長さvs.縦の長さ

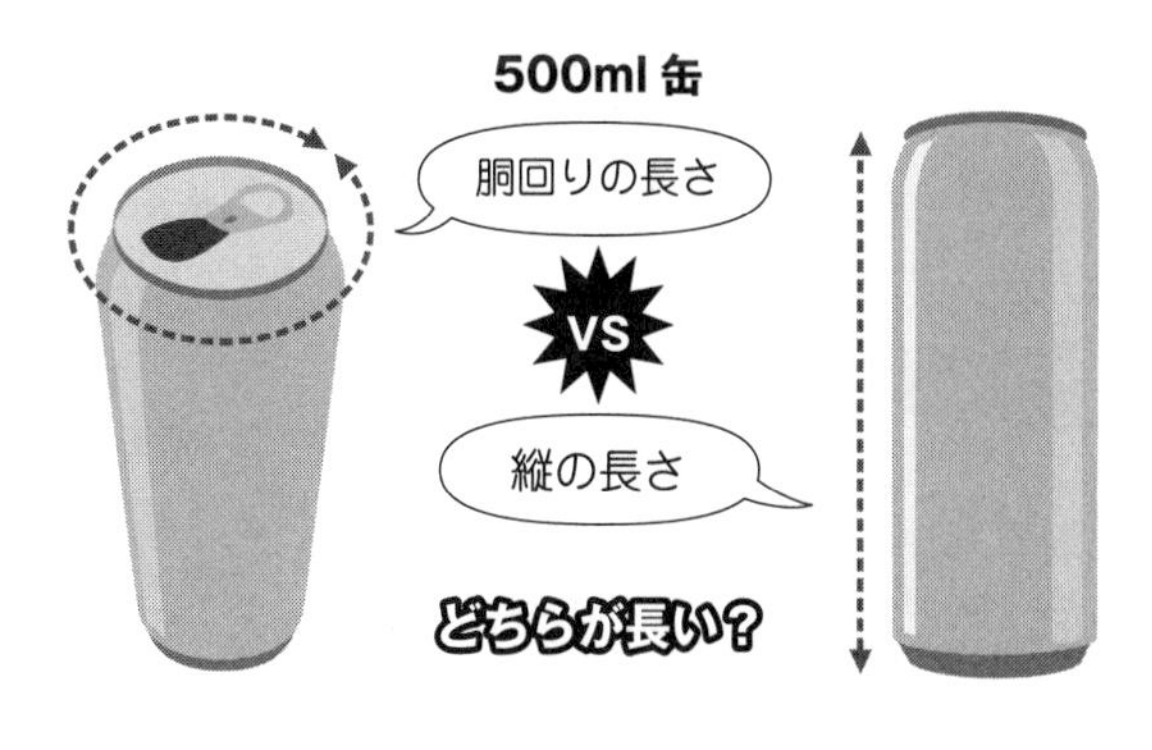

さて、円周率の値は小数点第一位を四捨五入すれば「3」となりますね。円周率を約「3」として、それを使った問題にチャレンジしてみましょう。

Q. 五〇〇ミリリットルの缶ジュースの「胴回りの長さ」と「縦の長さ」とでは、どちらが長いでしょうか？

定規や巻き尺を使ってそれぞれの長さを測れば、答えはわかります。しかし今回は、定規などで「測ること」をせずに答えを出す方法を考えてみてください。ヒントは円周率の約「3」です。

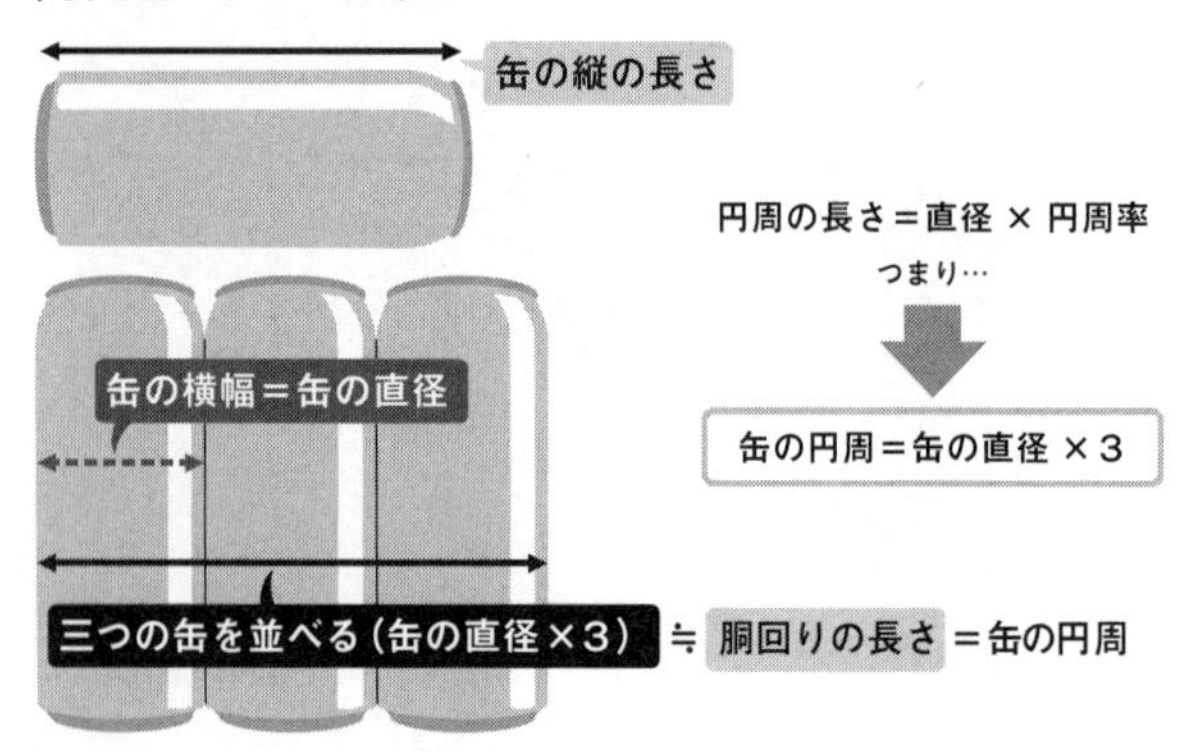

上の図のように缶を並べてみれば、答えはすぐに出ます。見ただけで、「胴回りの長さのほうが縦の長さよりも長い」と判断できるのです。

缶を三つ縦に並べると、その幅は胴回りの直径のちょうど三倍になります。

さて、ここで次の関係「円周の長さ＝直径×円周率」を思い出しましょう。

円周率は約「３」ですから、胴回りの長さ（缶の円周）は直径の三倍。すなわち三つの缶の横幅（缶の直径）を並べると、胴回り（缶の円周）のおよその長さに等しいことになります。缶を三つ並べると、胴回りが一直線になったと考えられるということとですね。

そこで、その三つの缶の上に横にした缶を置けば、缶の縦の長さと胴回りの長さを比べることになります。その結果が前頁の図のようになるのです。

いかがでしょうか。円周率を約「3」と考えることで、定規や巻き尺を使って長さを測ることなく問題を解くことができました。

なんだか、円周率「3」というマジックにだまされたような気持ちになりませんか。

三角形の秘密――その①「重心」

三角形には特別な点があります。その一つである「重心」を探してみましょう。今回はノートに定規、コンパスを使って作図しながら考えてみます。

まずは一直線上にはない三点を描き、それらを結んで三角形を描きます。

次に、三角形の三辺の真ん中「中点」を求めます。このときに定規を使って測らなくても、正確に求める方法があります。

◆重心の求め方①

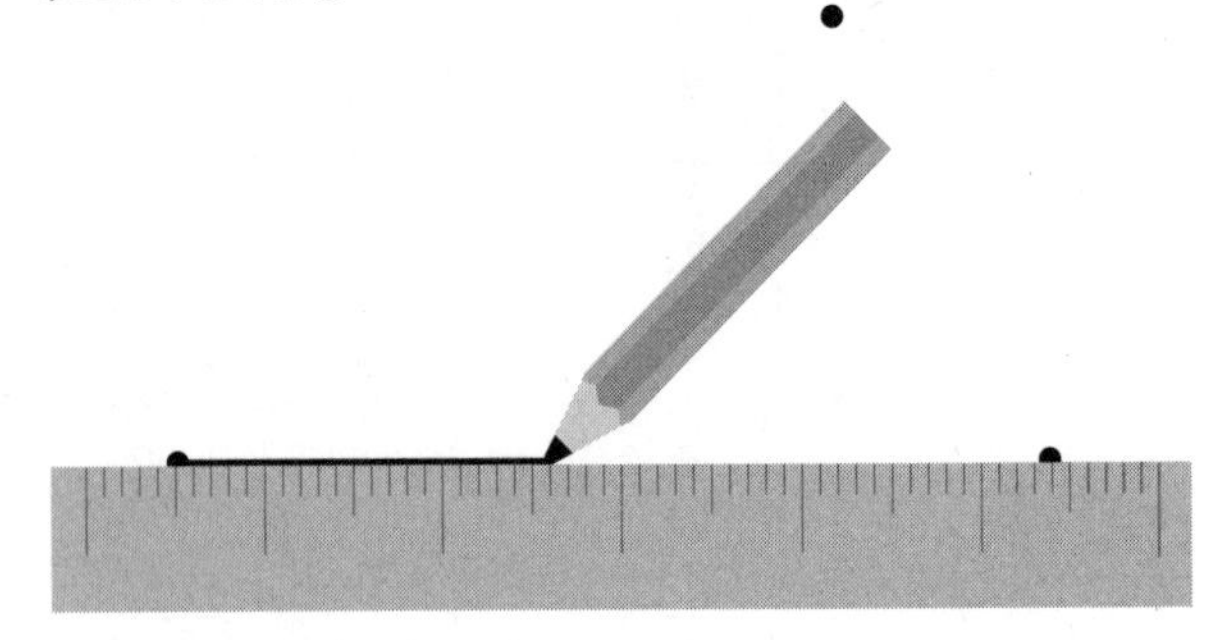

辺の両端の点を中心に、半径が等しい円を描きます。すると二つの円は二点で交わります。二点を結んだ直線は、元の辺と垂直に交わります。この直線を垂直二等分線といい、この交わる点が中点です。

この方法で三辺の中点D、E、Fを求めます。最後に点Aと点D、点Bと点E、点Cと点Fを結びます。すると、三本の直線はきれいに一点で交わるはずです。

これはとてもふしぎなことです。なぜなら、二本の直線が交わるのは当たり前ですが、勝手に描いた三本の直線は、通常交わらないからです。試しに三本の直線を描いてみると、よくわかると思います。

◆重心の求め方②

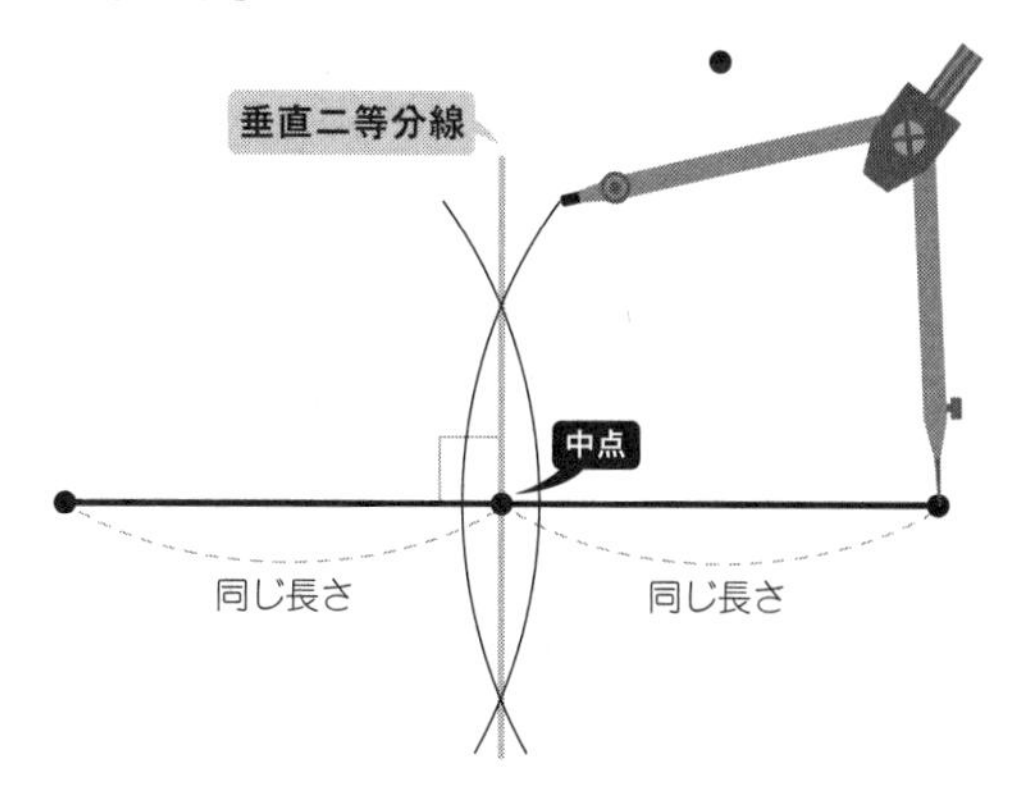

◆重心の求め方③

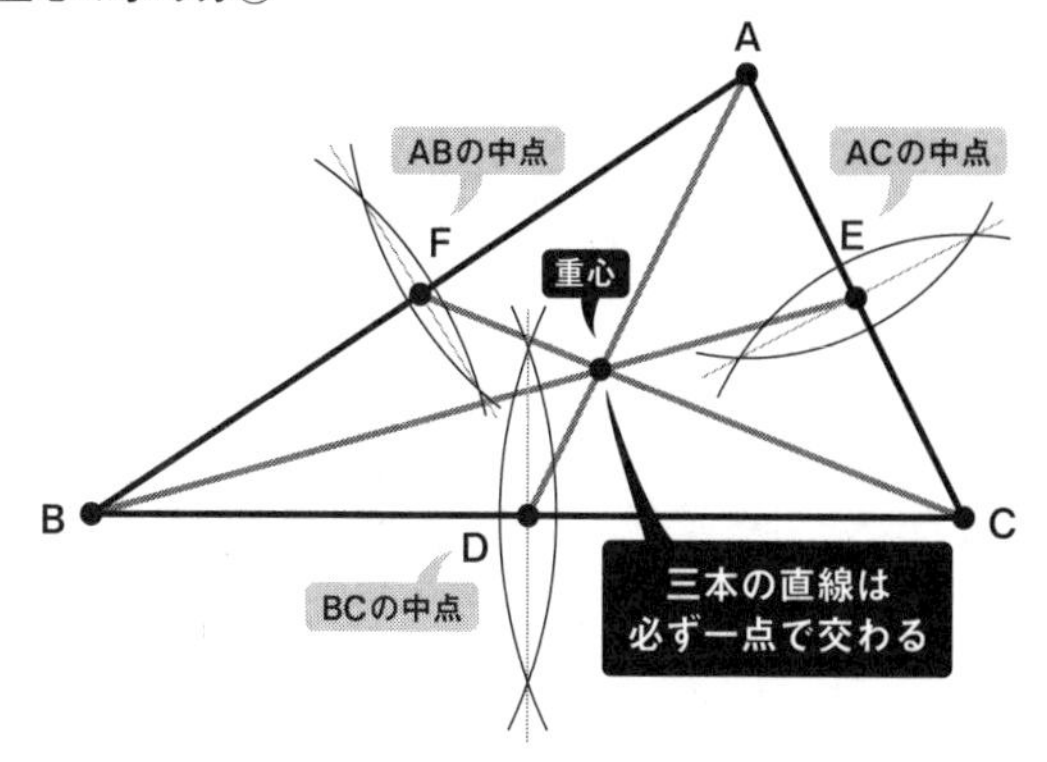

◆「重心と頂点の長さ」と「重心と中点の長さ」

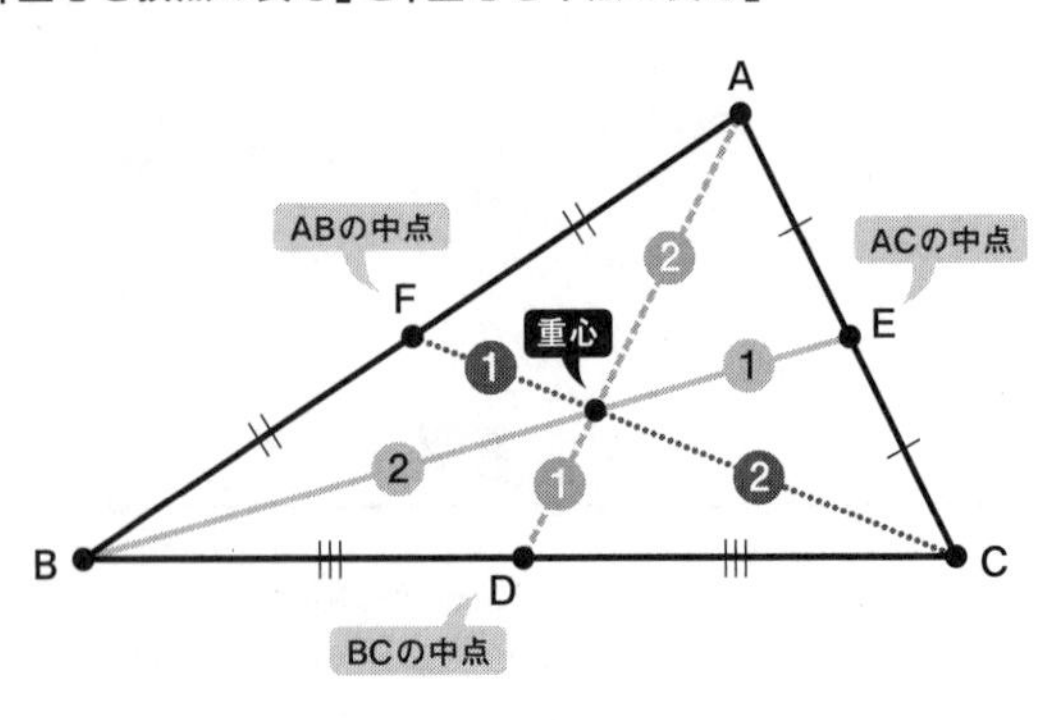

どんな三角形でも、辺の中点と頂点を結ぶ三本の直線は必ず一点で交わります。この点を「重心」といいます。

最後に、「重心と頂点の長さ」と「重心と中点の長さ」を定規で測ってみましょう。三本の線分（二点にはさまれた直線部分）はいずれも、重心によって二：一に分けられています。

数多くの三角形を描いて「重心の秘密」を確かめてみてください。頂点と中点を結ぶ三本の直線が一点で交わる瞬間にわくわくすることでしょう。

何気ない三角形にも、このような秘密がたくさん隠されているのです。

◆外心の求め方

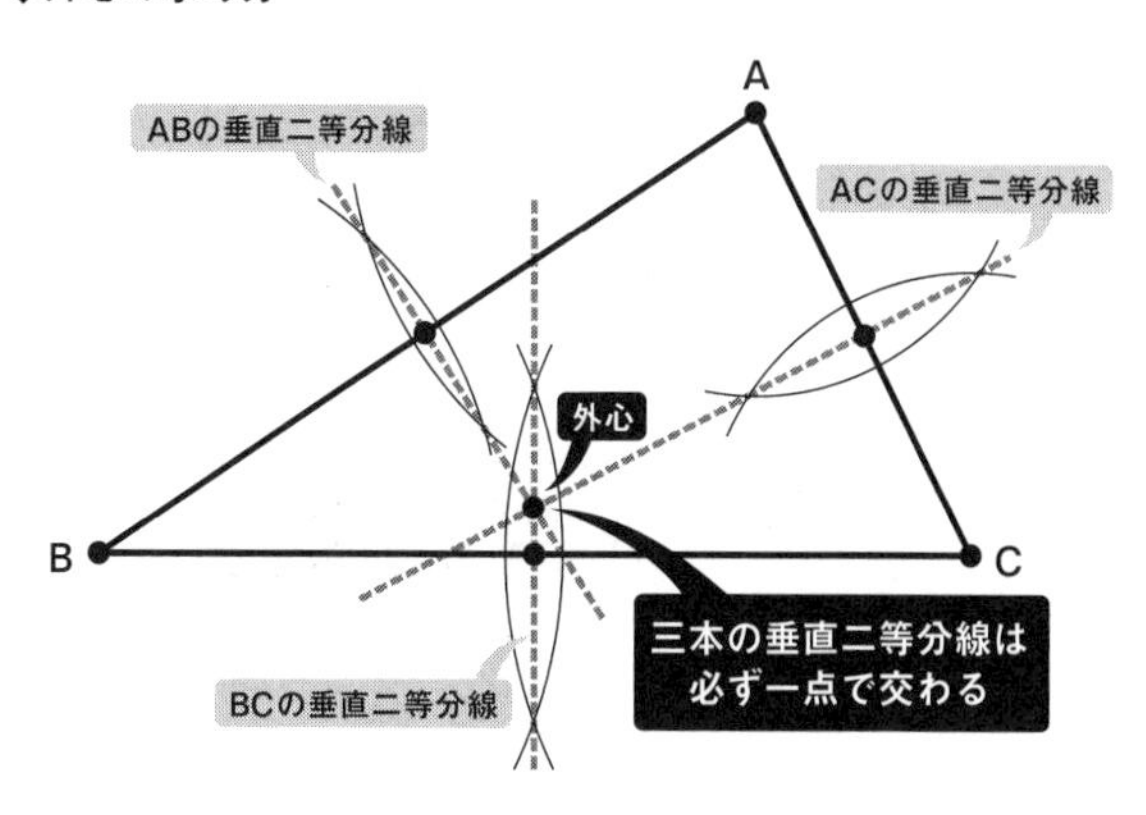

三角形の秘密――その②「外心」

三角形の各辺の中点と、その向かいにある頂点を結んだ三本の直線は一点で交わります。その点が「重心」だということがわかりました。

さて、もう一度、定規とコンパスを用いて重心を作図してみてください。先程と同様に三角形の各辺の垂直二等分線も描いてください。

ここで大切なポイントがあります。中点を求める際に結んだ垂直二等分線に注目してください。この三本の垂直二等分線が、実は必ず一点で交わります。この点を「外心」といいます。

◆外心とは、外接円の中心のこと

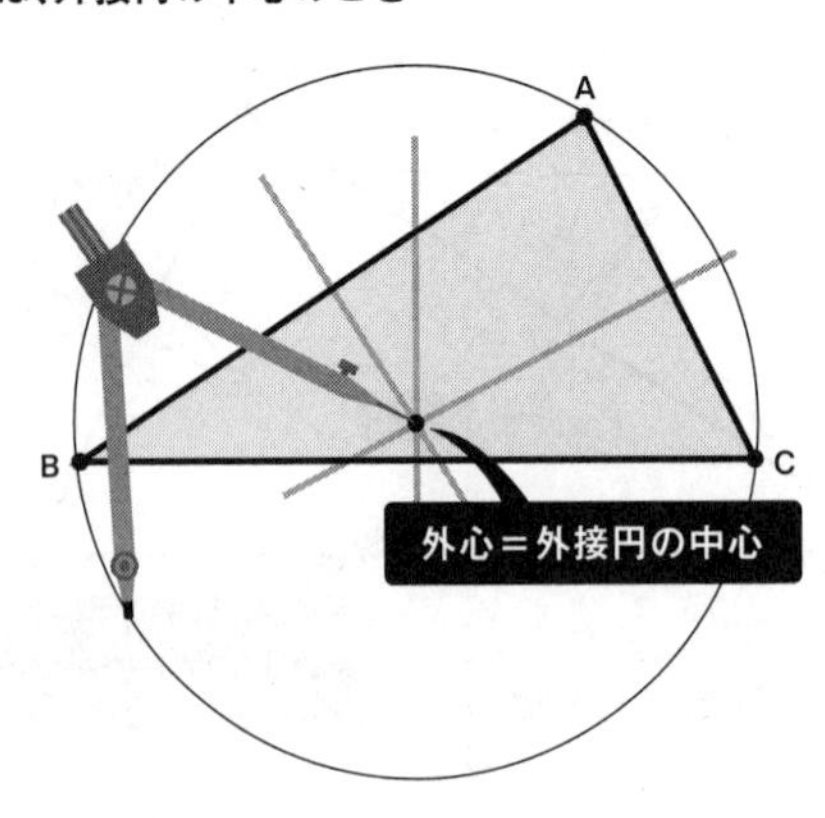

この外心には秘密があります。コンパスを用いてその秘密を見つけてみます。

三角形ＡＢＣの外心にコンパスの針を置き、コンパスの鉛筆の先を三角形の点Ａにもっていき、円を描いてみてください。すると、鉛筆の先は点Ｂと点Ｃを通っていくはずです。つまり「三角形の三つの頂点を通る円の中心」が「外心」なのです。

「三角形の三つの頂点を通る円を描きなさい」といわれても、すぐに描くことは簡単ではありません。適当な三本の直線が一点で交わることが容易ではないことと似ています。

しかし、三角形の各辺の垂直二等分線の

交点を求め、それを中心に描いた円はぴったりその答えになります。

この三角形の三つの頂点を通る円は三角形の外側にある円なので、外接円とよばれます。外心は外接円の中心ということです。

皆さんも、さまざまな形の三角形を描いてみてください。そして各辺の垂直二等分線を作図することで、重心と外心を求め、外接円を描き、三角形を外接円の中に閉じ込めてしまいましょう。

「3」のふしぎなマジックは、三角形という図形の中にも現れるのですね。三つの点が織りなす美しい三角形の世界――。じっくりと味わってください。

スマートフォンは「座標」が支える

タッチパネルに触ると「座標」計算

駅の券売機、銀行のＡＴＭ、カーナビ、そしてスマートフォンなど液晶画面にタッチする機会は日常生活の中で多々あります。いわゆるタッチパネルです。

タッチパネルのしくみは「画面のどこに指やタッチペンが触れたか」を認識するものですが、これは座標（Ｘ，Ｙ）の認識方法に他なりません。

スマートフォンやカーナビなどに搭載されているタッチパネルには、「抵抗膜方式」と「静電容量方式」などがあります。

「抵抗膜方式」は二枚のフィルムからできており、指やペンで押したときの電圧を読み取ることで座標がわかるしくみです。

しかし、この方式はマルチタッチ（二本以上の指でタッチすること）には不向き

◆身近なタッチパネルの機械

です。

マルチタッチを実現しているスマートフォンで用いられているのが「静電容量方式」です。

人体は電気を流す性質をもっています。冬にドアノブを触るとピリッと痛い思いをするのは、摩擦で生じた静電気が人体を流れるからです。

これを小さくしたのが静電容量方式です。指でタッチパネルを触ると、非常に小さい電流が流れ、タッチパネルに電気（電荷）が溜まります。

この電気の量（静電容量）をどのように検出するかですが、次の方式があります。

「表面型静電容量方式」は、画面の四隅で

の静電容量の変化を捉えることで、「X座標」「Y座標」が計算されます。
「投影型静電容量方式」は、「X軸方向」と「Y軸方向」に何本も静電容量センサーを配置することで、「どこで静電容量が変化したか」を突き止めることができます。といっても、「同時に動く二本の指の座標を的確に確定すること」は容易なことではなく、非常に繊細な技術と複雑な過程を経てようやく実現しています。

どれだけ難しい技術なのかを少しだけ説明してみましょう。

この技術は、「X軸方向」と「Y軸方向」でそれぞれ別々に位置を検出し、その両方を組み合わせて座標を求めています。

そのときに、複数点を同時検出しようとすると、「X軸方向」と「Y軸方向」の組み合わせ方が判別できない「ゴースト・ポイント」という誤った座標を求めてしまうことになります。

例えば、二本の指が二点（X_1，Y_1）（X_2，Y_2）に触れたとします。まず、センサー線X_1、センサー線X_2、センサー線Y_1、センサー線Y_2が静電容量の変化をキャッチします。すると、この二点は（X_1，Y_1）（X_2，Y_2）という組み合わせなのか、（X_1，Y_2）（X_2，Y_1）という組み合わせなのかがわからなくなる、ということです。

◆マルチタッチによる座標認識

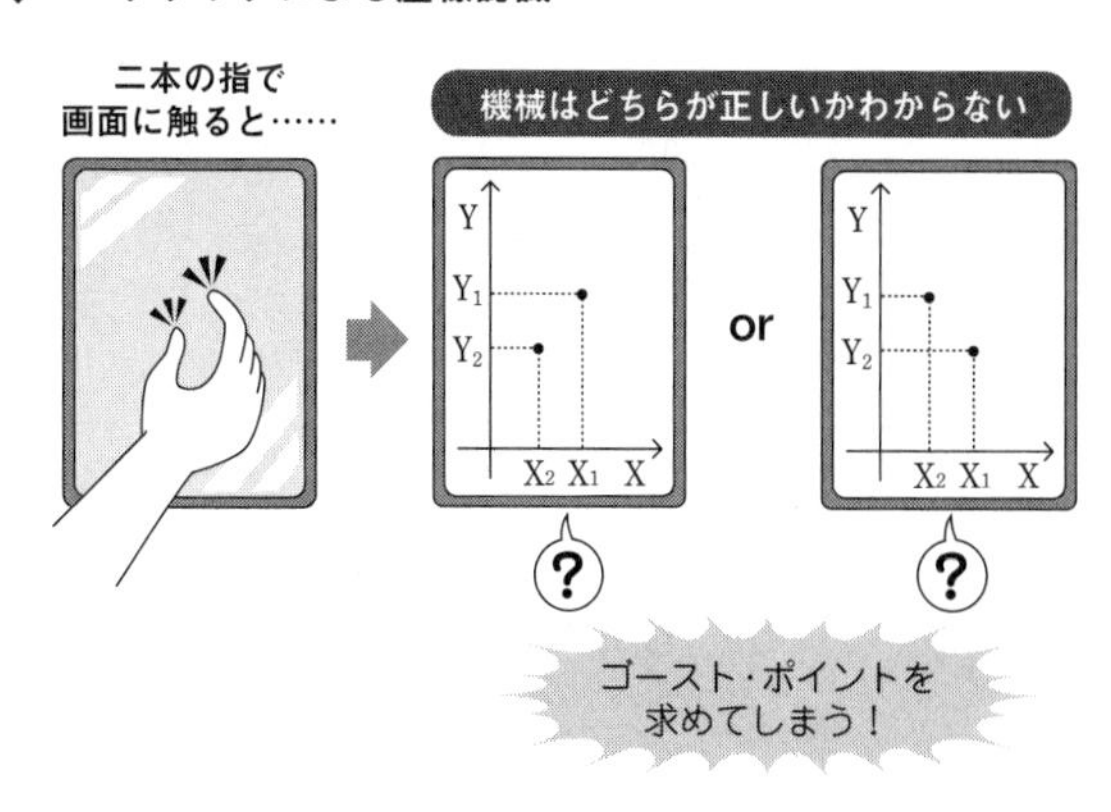

「ゴースト・ポイント」の解消法

当然、この不具合を解消する技術が開発されています。指を近づけたときに、「同時に複数のセンサーの静電容量変化を測定する」ことで、「ゴースト・ポイント」は解消されて、何本の指で触れてもそれぞれの絶対座標を識別できるのです。

さらには、複雑な指の動きや、指以外の皮膚が接触した場合の判断などの高度な情報処理は、コントローラICに組み込まれたソフトウェアによって担当されるのですが、それらもすべてはセンサーによって得られる、その時々の座標データを随時計算することで可能になっています。

例えば「ジェスチャ処理アルゴリズム」

といわれるものは、一〇個の刻々と変化するセンサーのデータから「X座標」「Y座標」を算出し、同時にその座標の移動速度も算出することでドラッグ、ドロップ、回転、ズームといったジェスチャ・コマンドを識別しています。

画面上で何気なく数本の指を移動させてコンピュータやスマートフォンを操ることは、とても愉快なことです。

その快適さ――座標の認識――を――実現させるために、実に多くの技術と膨大な座標の計算が、指の下の一センチに満たない世界で行われているのです。

ATMのタッチパネルのしくみ

ところで、スマートフォン登場以前は、タッチパネルは主にATMや自動券売機で使われていました。それが「赤外線遮光方式」です。このしくみは先ほどお話しした静電容量方式に比べると簡単です。

縦方向、横方向に目に見えない赤外線を出す発光ダイオード（LED）と、光センサーであるフォトトランジスタが配置されており、指を置くとその光が遮られます。

「赤外線がどこで遮られたか」によって、指の位置の「X座標」と「Y座標」がわかる、というしくみです。

タッチパネルに、赤外線遮光方式を採用しているデスクトップパソコンがありますが、面白いのはその座標が「三角測量」によって計算されるという点です。自動券売機のように縦横二方向からの赤外線ではなく、ディスプレイの左右の上角にLEDが付けられていて、斜めに赤外線が放射されるのです。

三角測量といえば〝「メートル」はフランス革命で生まれた〟（『面白くて眠れなくなる数学』参照）でも登場したように、その測定の舞台は地上です。たしかに液晶画面も平面ですから、三角測量を適用できるわけです。

地上も液晶画面も同じように包みこんで計算してしまう数学の威力と、それを応用する人類の力は本当に大したものです。

デカルトから始まった座標の物語

さて、私には「座標」という言葉についての思い出があります。

タッチパネルに使われている座標は、正確には「直交座標」といいます。通常、座標といえば「直交座標」を指しますが、それは「X軸とY軸が直交した中で測られた座標」ということです。

これ以外にも「極座標」など、原点と座標軸の取り方でさまざまな座標の表現の仕方があります。これらを「座標系」といいます。「直交座標」は「直交座標系」によるものです。

「我思う、ゆえに我あり」で有名なフランスの哲学者ルネ・デカルトは、数学者としても高名な人物です。

かつて、デカルトを英語辞書で調べたときのことです。

> **Descartes　デカルト**（一五九六～一六五〇）：フランスの哲学者、数学者、物理学者

とありました。

その形容詞形が「Cartesian」とあり、調べてみると

> **Cartesian coordinates**　《数学》　デカルト［直交］座標

という意味でした。

なぜ、座標にデカルトの名前があるのかと思い調べてみると、デカルトが直交座標を考案したからしいとわかり、大変に驚きました。

ルネ・デカルト
（一五九六～一六五〇）

ここから出発して、さらに「coordinates」という言葉の源流をたどってみると……。

coordinate【形容詞】座標の直交座標系は直訳である。orthogonal coordinate system ともいう

coordinates【名詞】座標

「co-」というのは「ordinate」についた接頭語です。「co-」には「共に、同程度に、等しく、パートナー」といった意味があります。

そこで「ordinate」を調べてみると、

ordinate 【名詞】《数学》 縦座標 ⇩ abscissa

と出てきます。縦座標とはあまり使わない用語ですが、読んで字のごとくY座標のことだと理解できます。

関連語「abscissa」を調べてみると、

abscissa 【名詞】《数学》 横座標 ⇩ ordinate

と出てきて、これまたびっくり。知らない言葉が次々と芋づる式に出てきました。

そこで「ordinate」（縦座標）と「abscissa」（横座標）を調べてみると、ギリシャ時代の数学者アポロニウス（紀元前二六〇頃～紀元前二〇〇頃）にたどり着きました。

彼の著書『円錐曲線論』に出てくる用語だったのです。アポロニウスは円錐を平面で切ったときの断面が、その切り方で「楕円」「放物線」「双曲線」になることを研究しました。

いわゆる座標という概念ではなく、「ordinate」と「abscissa」はそれぞれ単なる縦線、横線だったのです。

この「縦座標（ordinate）」と「横座標（abscissa）」をいっしょにして――つまり、接頭語「co-」をつけて――「co-ordinate」という言葉を使ったのが、ドイツの数学者ゴットフリート・ライプニッツ（一六四六～一七一六）だったのです。

アポロニウス（紀元前二六〇頃～紀元前二〇〇頃）

ゴットフリート・ライプニッツ（一六四六～一七一六）

さらに調査を進めてみてわかったのは、デカルトはどうやら現在のような座標は使っていなかったということです。
座標に相当するものを使って、「曲線を方程式で表す」ということはしましたが、座標という特別な用語は使わなかったのです。
それでも現在、「Cartesian」といえば「Cartesian coordinates」（デカルト座標）のことであり、今でも使われているのは、それだけデカルトの貢献が大きかったことの証（あかし）だといえるでしょう。ここまでが「Descartes」から始まった英語のお話です。

「座標」という日本語の由来

それでは、日本語の「座標」という言葉の由来は何なのでしょうか。そこには次のような事情が隠されていました。

明治時代の数学者、藤沢利喜太郎（一八六一〜一九三三）が著書『数学用語英話対訳字書』の中で、「co-ordinate（axis）は横縦軸という訳があるが、co-ordinate（of a point）には訳がないので、坐標と命名する」と記しています。

さらに、この本の第二版の中で、「横縦軸は平面の場合にはよいが、立体つまり三本の軸がある場合にはよくないので、坐標軸とする」と記しています。

藤沢利喜太郎
（一八六一〜一九三三）

そして、この「坐標」を「座標」と表記することに決めたのが、林鶴一（一八七三〜一九三五）という数学者でした。「坐」は「すわる」という動詞なので、名詞としての「座」を使うほうがいいと意見を述べたのでした。当時は「坐」と「座」

を区別していたということです。

林鶴一は、「点の位置を意味するのだから星座の座がふさわしい」といい、「座標」を推進しました。

林鶴一
（一八七三～一九三五）

今ではすっかりタッチパネルが人々の生活の中に入ってきました。知らず知らずのうちに、私たちは座標のお世話になっているのです。そもそも、座標が役に立つのかそうでないのか議論ができるのも、「座標」という言葉があるおかげです。

それにしても、「座標」という言葉をつくる際に「星座」が関係していたなんて、ずいぶんとロマンチックなエピソードです。

古代の人々は夜空という座標に無数にちらばる星を結んで、美しい星座の物語を紡(つむ)ぎました。そして現在――。人々は、タッチパネルにさらなる次世代への夢を託しているのです。

数のミューズに捧げられた言葉

数の世界は人々を魅了する

人類は数の世界を旅する旅人です。ある者は大海原（おおうなばら）に向かい、ある者は空から見下ろす。そしてその壮大な景色に魅せられた旅人は、ときに迷いながらも一つの真理へとたどり着く――。

神秘としかいいようのない「数の美しさ」は、人々の心をとらえて離しません。自然や芸術のように、人智を超えた存在とも錯覚してしまう数の世界。

数の世界のミューズに捧げられた言葉をご紹介しましょう。

数学的創造の原動力は、思考力ではなく想像力である。

オーガスタス・ド・モルガン
（数学者。一八〇六～一八七一）

ガウスの数学における役割は、ヘーゲルの哲学における役割、ヴェートーヴェンの音楽におけるゲーテの文学における役割にたとえることができる。

D・J・ストルイク
（数学者。一八九四〜二〇〇〇）

この世のすべてのことばの中で最もすぐれているのは、人工的なことば、きわめて圧縮されたことば、数学のことばである……。

ニコライ・ロバチェフスキー
（数学者。一七九二〜一八五六）

新しい発見はすべて数学的な形をしている。

チャールズ・ダーウィン
（自然科学者。一八〇九〜一八八二）

常ならぬ美しさが数学の王国を支配している。それは芸術の美というより、むしろ自然の美に近い。考え深い知性は、自然の美と同じくこの美しさを鑑賞するわざも身につけている。

エルンスト・クンマー
（数学者。一八一〇～一八九三）

空を飛ぶこと、それが数学だ。

ヴァレリー・チカロフ
（旧ソ連の飛行士。一九〇四～一九三八）

数は世界の成り立ちの奥底を照らしだす。

ゴットフリート・ライプニッツ
（哲学者、数学者。一六四六～一七一六）

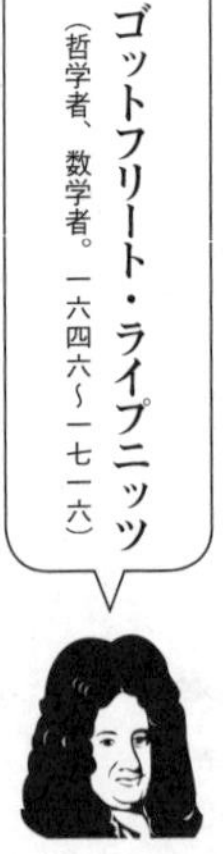

数を知ることが、目的ではない。数を通して、自然や芸術と対話する——。古今東西の偉人の言葉は、いつもそう語っているような気がしてなりません。

そんな歓びを味わうことが、我々人類に与えられた特権、そして使命なのかもしれませんね。

びっくり（！）する数――「階乗」

イスの座り方は何通り？

いま、三人の人物がいるとします。三脚のイスが一列に並んでいるとして、イスの座り方は何通りあるでしょうか。

三人をaさん、bさん、cさんとすれば、「最初のイスに座るのはaさん、bさん、cさんの三通り」「次のイスに座るのは残りの二人の二通り」「最後のイスに座るのは残った一人の一通り」となるので、その座り方は「三×二×一＝六（通り）」となります。

さて、これが四人、五人と増えていくと座り方は何通りになるでしょうか。それぞれ「四×三×二×一＝二四（通り）」「五×四×三×二×一＝一二〇（通り）」と計算できますね。

◆三人のイスの座り方

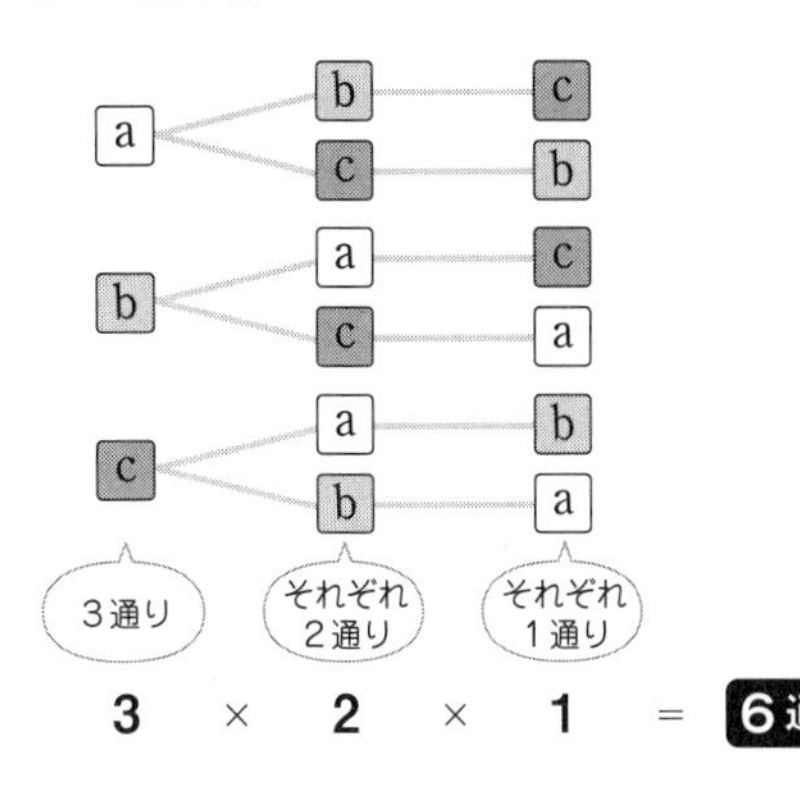

それでは、問題です。

あなたが家族や友人、会社の仲間を集めて、パーティを開くとします。その場合、一列のイスの座り方は全部で何通りになるでしょうか。

一〇人のパーティなら、「一〇×九×八×七×六×五×四×三×二×一＝三六二万八八〇〇（通り）」、二〇人のパーティなら、なんと「二〇×一九×……×三×二×一＝二四三京二九〇二兆八一億七六六四万（通り）」にもなります。

三〇人のパーティなら、「三〇×二九×……×三×二×一＝二溝(こう)六五二五穣(じょう)二八五九秭(し)（𥝱(じょ)）八一二二垓(がい)九一〇五京八六三六兆三〇八四億八〇〇〇万（通り）」という途方もない大きな数になるのです。

「階乗」はびっくり(!)を意味する

このような並べ方の数を「順列」といいます。「3×2×1」のようなかけ算は階段のようにみえることから「階乗」とよばれ、「3×2×1＝3!」のように「!」を使って表します。なぜ記号「!」を使うのでしょうか。

それは、前頁のイスのように、はじめのうちは「5!＝120」「6!＝720」と小さい数なのですが、「10!」は七桁、「20!」は一九桁、「30!」は三三桁…というように、猛烈な勢いで大きくなってしまうことに「びっくり!」するのが「階乗」だからです。

レストランやコンサート会場などで、その座り方が全部で何通りになるか、階乗の計算をしてみてください。あなたは、普段の生活の中に、こんなにも大きな数が隠れていることに「びっくり!」することでしょう。

◆「階乗」の計算はとてつもない大きさ

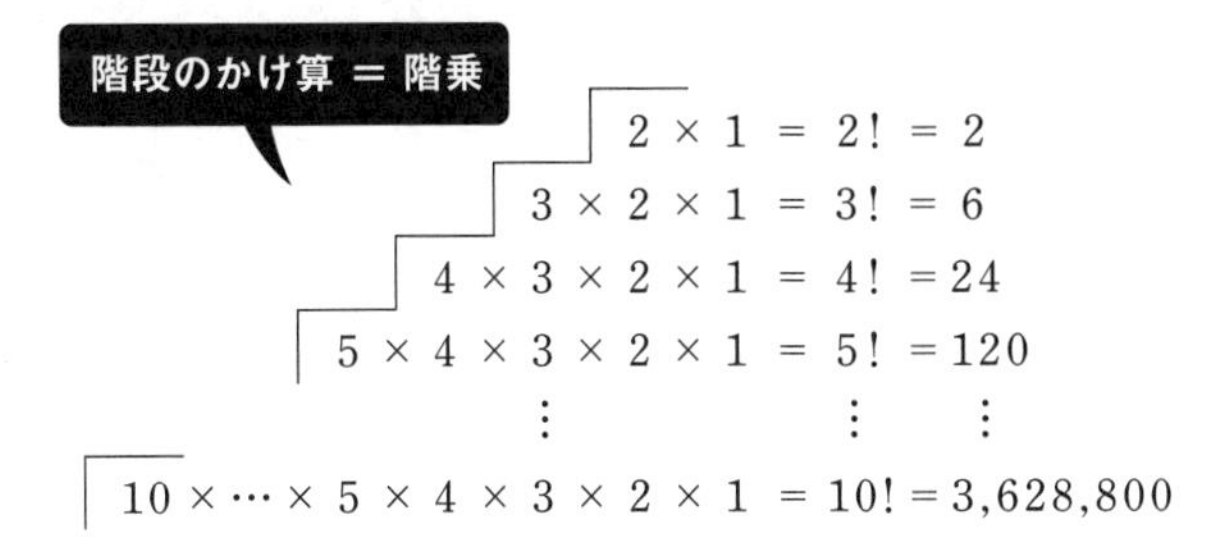

20! は 19 桁、30! は 33 桁にもなる！

電卓に隠された「2220」のミステリー

なぜか答えは「2220」

電卓には、いくつもの面白い計算が隠されています。そのうちの一つをご紹介しようと思います。皆さんもお手元に電卓をご用意ください。

電卓の数字キーは「1」から反時計回りに「2、3、6、9、8、7、4」と並んでいます。この順番通りに並んだ三つの数字を三桁の数として、四つの数をつくっていきましょう。「1」から始めて「1」に戻る足し算をしてみると、「123+369+987+741」と足していくということです。

そうすると、答えは「2220」になりました。

それでは、次に「2」から始めて「2」に戻る足し算をしてみましょう。「236+698+874+412=2220」というように、やはり結果は「2220」となります。

◆ぐるっと一回りの足し算

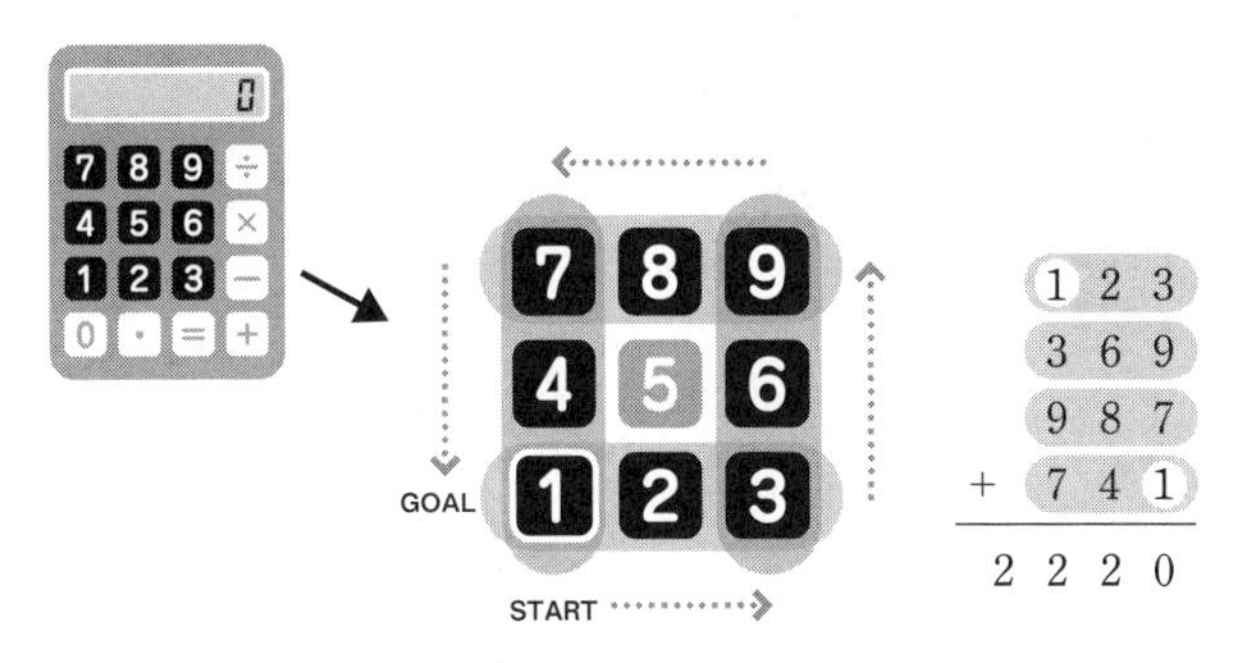

同じように、スタートの数字が「3」「6」「9」「8」「7」「4」の場合についても足し算をしてみてください。面白いことに結果はすべて「2220」になるのです。

次は、角の数（1、3、9、7）を、それぞれ三回押した数（三桁ずつ）の足し算をしてみましょう。「111＋333＋999＋777」。やはり結果は「2220」です。

辺の真ん中の数（2、6、8、4）を三桁ずつ足し算してみましょう。「222＋666＋888＋444」。やはり結果は「2220」です。

では、対角線の三つの数字を三桁の数と

◆いろいろなパターンで足すと……

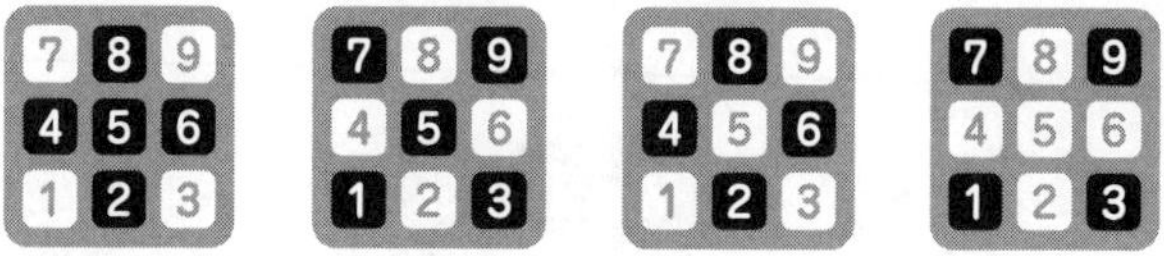

十字	対角線	辺の真ん中	角
258	159	222	111
654	357	666	333
852	951	888	999
＋ 456	＋ 753	＋ 444	＋ 777
2220	2220	2220	2220

して、四つの数を足し算してみると、どうでしょうか。「159＋357＋951＋753＝2220」。またもや「2220」になりました。

最後に十字の三つの数字を三桁の数として、四つの数を足し算します。「258＋654＋852＋456＝2220」。なんとこれも「2220」です。

読者の皆さんも、電卓を片手に「ぐるっと一回りの足し算」、そして「角」「辺の真ん中」「対角線」「十字」の足し算を試してください。その次に、計算を紙に書いて、足し算を確かめてみてください。

どうしてすべての足し算が「2220」になってしまうのか――。紙に書いた計算

◆計算をよく眺めてみると……

123	236	369	698
369	698	987	874
987	874	741	412
+ 741	+ 412	+ 123	+ 236
2220	2220	2220	2220
987	874	741	412
741	412	123	236
123	236	369	698
+ 369	+ 698	+ 987	+ 874
2220	2220	2220	2220

をもとに、その謎に迫りましょう。

「２２２０」の謎解きは手計算の後で

まずは「ぐるっと一回りの足し算」です。電卓の数字キーは「１」から反時計回りに「２、３、６、９、８、７、４」と並んでいます。同じように、「２、３、６、９、８、７、４」のそれぞれから始めて足し算をします。この八つの計算をよく眺めてください。

結果はいずれも「２２２０」です。しかも、出現する順番は違っても、「１２３、３６９、９８７、７４１」を足す計算と、「２３６、６９８、８７４、４１２」を足す計算の二種類に分類されることがわかり

◆計算を縦方向に眺めると……

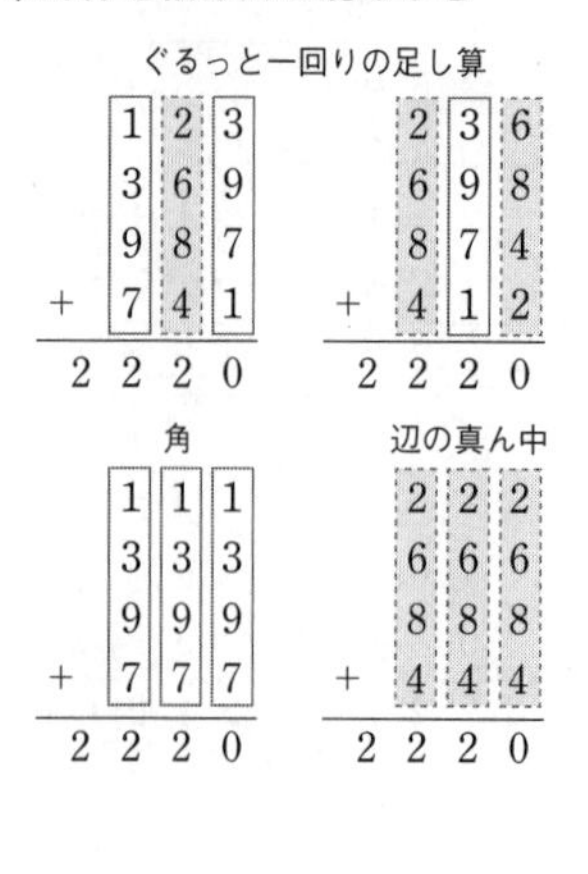

ます。

　次に、別の四つの足し算を紙に書いてみましょう。数字キーの角の四つの数字でつくった三桁の数を足し合わせた「角」。辺の真ん中にある四つの数字でつくった三桁の数を足し合わせた「辺の真ん中」。対角線に並ぶ三桁の数字を足し合わせた「対角線」。十字に並ぶ三桁の数字を足し合わせた「十字」です。

　ここで、「ぐるっと一回りの足し算」の二種類と後の四種類のあわせて六種類の計算を縦方向に眺めてみてください。

　ある法則に気づきませんか？　すべての計算は「1、3、9、7の列」「2、6、8、4の列」、そして「5、5、5、5の列」の三種類でできていることがわかります。そして、この三種類の列の合計はすべて「20」となり、等しい値となるのです。

つまり、六種類の足し算はいずれも「百の位も20」「十の位も20」「一の位も20」になるということです。これを足し合わせると「20×100＋20×10＋20×1＝2220」となります。

こうして、六種類の計算はいずれも合計が「2220」となるのです。つまり、一見異なる「一二通りの足し算」は、分類していくことで、どれも合計が「2220」になる理由がわかります。

電卓を回転させる

電卓の数字キーを使った三桁の足し算の答えが、いずれも「2220」になることを確かめました。そして、紙に書いて分類してみることで、その理由は明らかになりましたね。

筆算すると、縦方向に並ぶ数は「1、3、9、7」「2、6、8、4」「5、5、5、5」の三種類のグループのどれかになっています。

さて、これらの他にも、答えが「2220」になる足し算は存在するのでしょうか。実は「足し算の秘密」がわかれば、もっとたくさんの例をつくることができます。

その秘密は「電卓の回転」です。

はじめに、「1～9」の九個の数字の中から、好きな数字を三つ選んで三桁の数字をつくります。同じ数を選んでも構いません。このとき、三つの数字キーの場所と順番を覚えておきます。

次に、電卓を時計回りに九〇度回転させて、最初に選んだ数字と同じ場所と順番で、次の三桁の数をつくります。これを繰り返して四つの数を作り、すべて足し合わせます。

例えば「168」で試してみましょう。三桁の数字は「168、384、942、726」となり、その和は「2220」になります。これまでに紹介した「角」や「辺の真ん中」などの計算例も、同じ方法で得られます。

◆足し算の秘密は「電卓の回転」

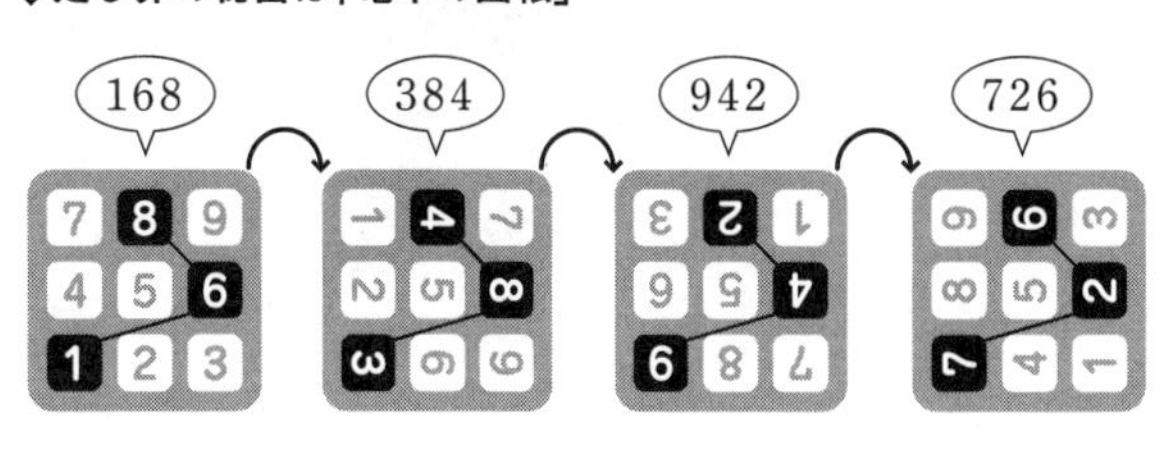

　それでは、九つある数字キーを、「5」を中心に時計回りに九〇度回転させてみましょう。実は、次のルールで数字が現れてきます。「1、3、9、7」は「1→3→9→7→1」の順、「2、6、8、4」は「2→6→8→4→2」の順、「5」は「5→5→5→5→5」の順です。これは先ほど分類した三種類のグループですね。

　つまり、電卓の数字キーのもともとの配列によって、これらの足し算の答えは常に「2220」と決まっていたのです。

　たくさんの例を電卓で確かめてみましょう。秘密はすっかり解き明かされましたが、実際に電卓で足し算をしてみると、ふしぎな数字の世界に迷い込んだような気がします。

インドの魔術師ラマヌジャン

シュリニヴァーサ・ラマヌジャン（一八八七〜一九二〇）
数学者

ラマヌジャンのインスピレーション

インドのシュリニヴァーサ・ラマヌジャンほど、インスピレーションに満ちて独創的な発見を行った数学者はいません。

三十二年の生涯で発見した公式は三二五四個。

超難問「フェルマーの最終定理」にもラマヌジャンの数学は必要とされるほど、後世の数学にも影響を及ぼしています。

南インドの貧しいバラモン階級に生まれたラマヌジャンは、幼い頃から非常に優秀でした。十五歳の頃、友人からプレゼントされたイギリスの数学公式集がラマヌジャンを数学の虜（とりこ）にします。

その公式集にある定理や公式を、すべて自力で証明することに没頭していく中で、数学の才能を開花させたのです。

しかし、数学以外のことには全く興味を示さなくなり、大学も中退。その後、港湾事務所で働き始めたラマヌジャンは、理解ある上司の下で仕事をしながら、数学研究に打ち込めるようになりました。

次第に周囲の人々にラマヌジャンの数学研究が知られるようになっていくのですが、あまりのレベルの高さに、そのうち誰も理解できなくなってしまいました。

そこで、ラマヌジャンはイギリスの数学者に研究成果を見てもらうことを勧められ、手紙を書いたのですが、手紙を読んだ数学者のほとんどは内容を理解できず、ろくに見もせずに手紙を送り返してきました。

イギリスの数学者ハーディとの出会い

たった一人、ケンブリッジ大学の数学者G・H・ハーディだけがラマヌジャンの才能を見抜きました。ラマヌジャンからの手紙には、すでに知られている定理もあったのですが、ハーディ自身が知らない結果や、真偽を判定できないものなど天才でなければなし得ない計算結果が書いてあったのです。

ハーディに認められたラマヌジャンは、イギリスに渡り、ケンブリッジ大学で数学の研究を開始しました。しかし、イギリスの生活になじめなかったラマヌジャンは、五年後にはインドに戻り病死します。

イギリスでも入院期間が長かったため、実質的に研究に取り組んだのは三年ほどです。しかし、この期間に彼は独創的な業績を上げました。

ケンブリッジ大学でラマヌジャンが発表した論文は、すべてハーディとの連名になっていますが、これはラマヌジャンが厳密な証明を一切せず、代わってハーディが証明を行ったからです。

ケンブリッジ大学時代は、毎朝ラマヌジャンがハーディの元を訪れ、六つほどの新しい定理を手渡すというのが日課になっていました。

女神が定理をささやく？

どう定理を導いたのかをハーディが尋ねても、ラマヌジャンは「ナマギーリ女神が舌の上に書いてくださった」というばかり。ラマヌジャンの計算は、彼自身が説明に苦労するような内容だったのです。

おまけに独学で数学を学んできたため、数学科を卒業した学生なら知っているはずの定理すら知らないこともありました。そんなラマヌジャンに対して、ハーディはとがめることなく、彼のやりたいことを尊重する方針をとったのです。ラマヌジャンに証明の方法論を教え込むと逆に彼のインスピレーションを阻害するとハーディは考え、ラマヌジャンに代わって証明は自分が行うことにしたのです。

女神などというとオカルトじみて聞こえるかもしれませんが、ラマヌジャンを知る研究者には、ある意味で当然だと考えられています。

ラマヌジャンの出した結果からは、人間業（わざ）とは思えない凄さがにじみ出ているからです。超絶的な計算能力が、ラマヌジャンのインスピレーションの源泉だったと考えられています。

◆ラマヌジャンの恒等式とタクシー数

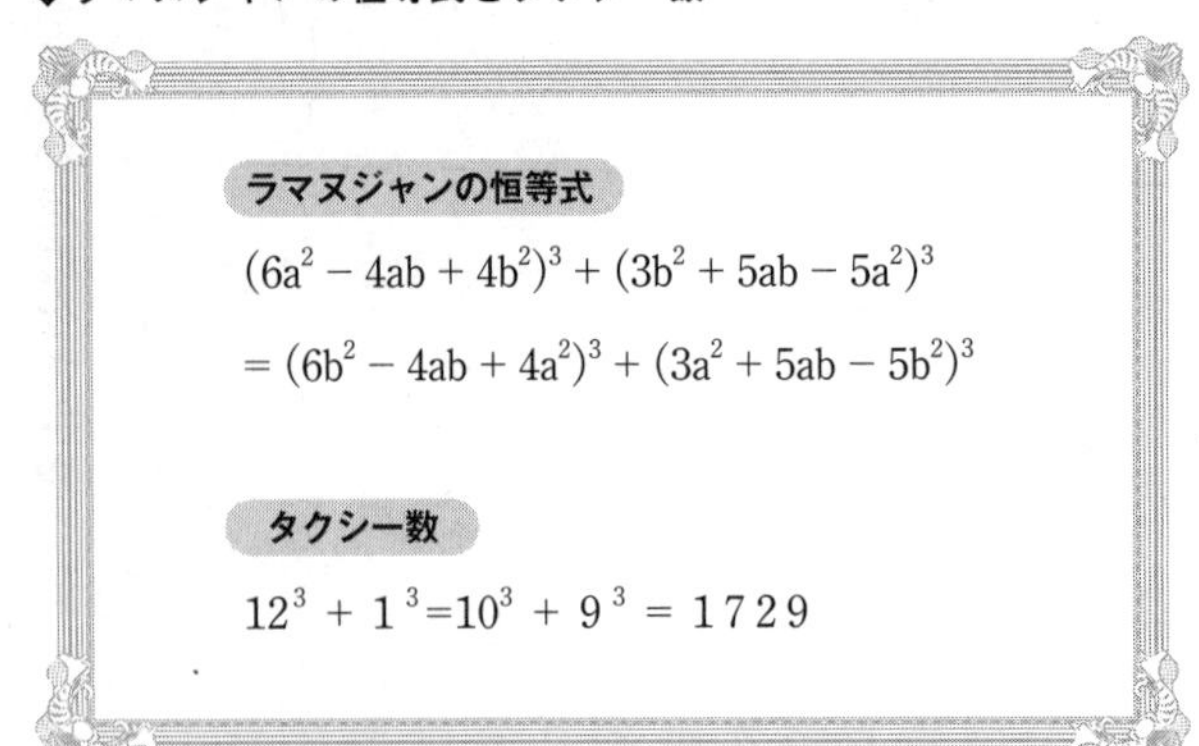

膨大な計算という実験の先に、普遍的法則、つまり定理が現れてきます。その後に、ハーディは懸命にその思考プロセスを証明の形に仕上げていったのです。

タクシーのナンバーから瞬時に計算

ラマヌジャンの非凡な能力を示す有名なエピソードに「タクシー数」があります。入院したラマヌジャンを見舞ったハーディは、「乗ってきたタクシーのナンバーは何の変哲もない『１７２９』という数字だった」と語りました。

これを聞いたラマヌジャンは、「そんなことはありません。１７２９は大変に面白い数です」と即座に答えたそうです。

◆**無限等比級数**

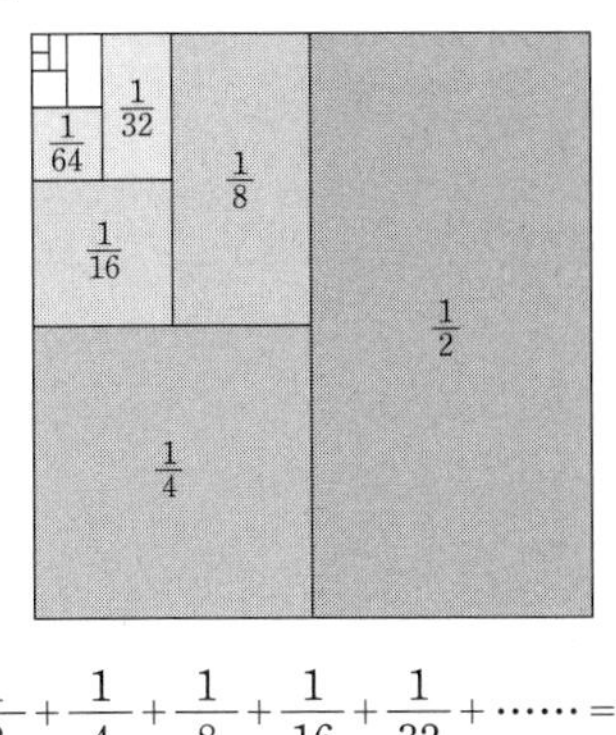

$$\frac{1}{2}+\frac{1}{4}+\frac{1}{8}+\frac{1}{16}+\frac{1}{32}+\cdots\cdots=1$$

ハーディがその理由を尋ねるとラマヌジャンは、「１７２９は三乗数の和で二通りに表すことができる最小の自然数です」と答えました。

前頁の図をご覧ください。ラマヌジャンは「ラマヌジャンの恒等式」と「タクシー数」を発見していたので、これをもとに「１７２９」について確かめたのかもしれません。それにしても並外れた計算力ですね。

数列を無限に足す無限級数

ラマヌジャンが大きな業績を上げた分野に無限級数があります。無限級数はある数列を無限に足し合わせるもので、例えば上

◆ラマヌジャンによる円周率の無限級数の公式

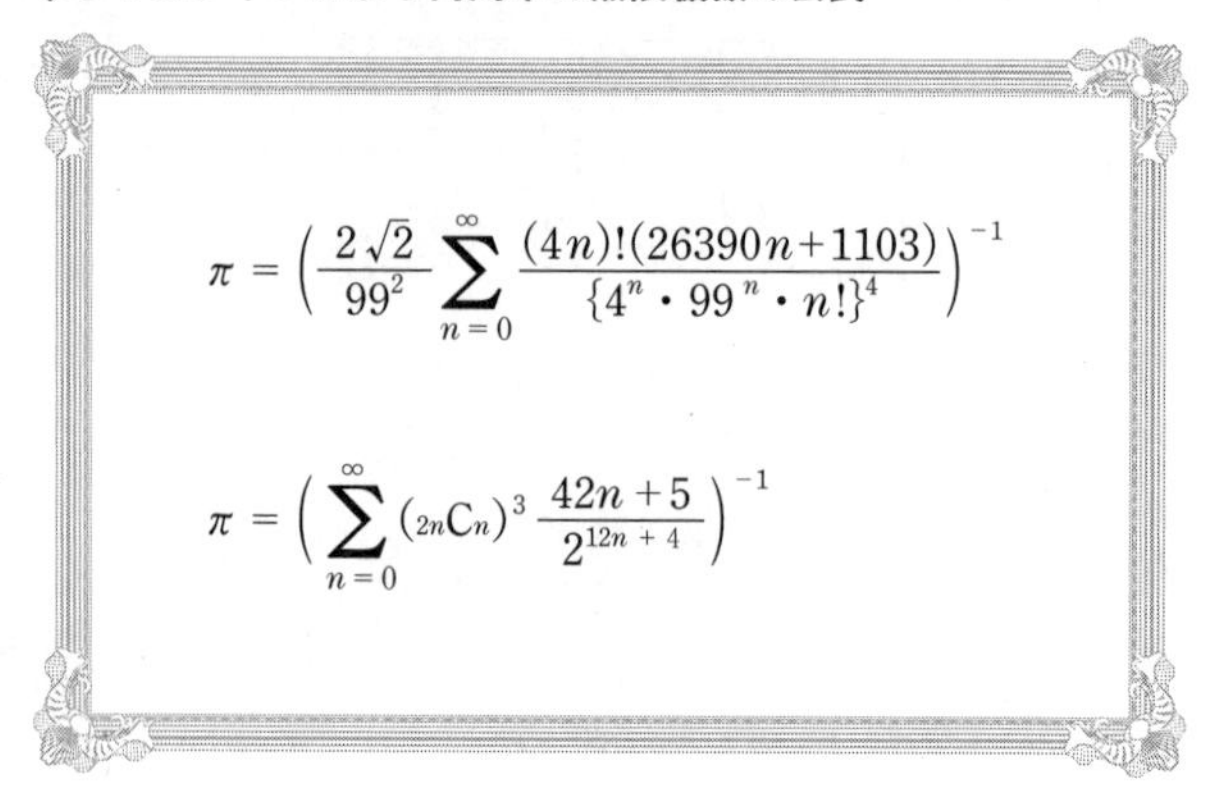

の図のような例は、無限等比級数です。
また、ラマヌジャンは、上の図のような円周率の無限級数の公式も発見しています。

この公式は複雑な形をしていて、どこからこんな式がやってくるのか皆目見当がつかない神秘的な公式です。試しに最初の二項（nが0と1の場合）を計算するだけで、「3．14159265」と九桁の円周率を得られるのです。

ラマヌジャンの公式は、現在でもスーパーコンピュータで円周率の計算をする際に用いられるほどの実力を備えています。

◆「ラマヌジャン予想」

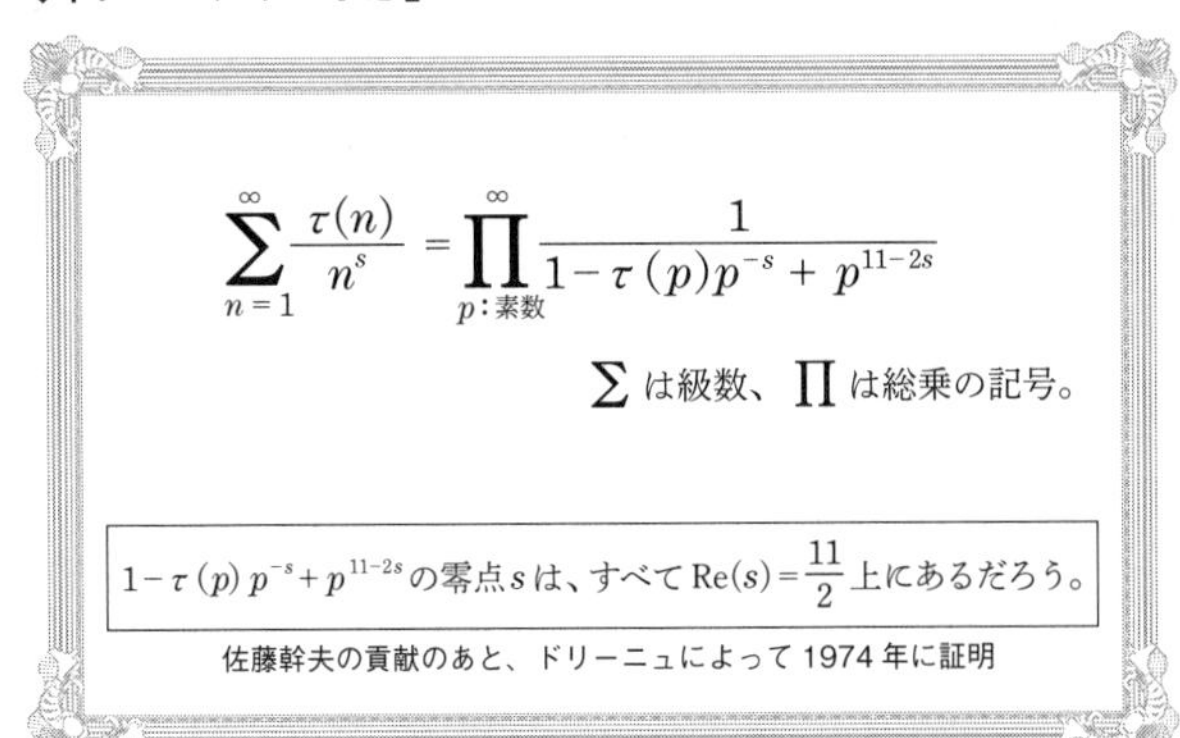

驚異のラマヌジャン予想

また、ラマヌジャンは驚異の予想をしています。上の図をご覧ください。「ラマヌジャン予想」とよばれるこの数式は、証明に新しい解釈が必要とされ、五十年以上を経て、一九七四年になってようやく正しいことが証明されました。

ラマヌジャンは、神秘的な計算によって数々の定理を発見しました。ラマヌジャンの業績には、彼が発見しなければ、他の誰も発見できなかっただろうといわれる定理も数多く含まれています。ラマヌジャン自身は短命だったとはいえ、数学の驚異を満喫したことでしょう。

しかし、ラマヌジャンは自らの定理の証

明を残しませんでした。ハーディをはじめとする多くの数学者が厳密な証明を後から完成させせました。

ひとたび証明されれば定理は永遠にくつがえることなく、数学の真の土台となり、その上に新しい研究を積み重ねていくことができるのです。

数学の証明には、単なるチェックという意味の他に「解釈」という意味を含んでいます。一つの定理の背後には、実は広大な世界がいくつも広がっており、さらには、一見異なる世界が深いところでつながっていることが解明されるのです。

学校で学ぶ数学の証明問題は、どうしても定型的な証明を暗記するだけのものになりがちでした。しかし、退屈だと感じられてしまう数学も、実はそのようにしてつくりあげられてきた奥深い世界なのです。

予想は
証明を経て
定理になるんだね

Part Ⅱ

数学は謎と驚きに満ちている

清少納言知恵の板と正方形パズル

正方形に囲まれて暮らす私たち

折り紙、ハンカチ、スカーフ、はんぺん、ワッフル、キーボードのキー、スマートフォンのアイコン、こたつ、障子(しょうじ)の格子、床や壁のタイル、洋服のチェック柄――。気が付けば、私たちは正方形に囲まれています。

そもそも正方形とはどのような形なのでしょうか。「四辺がすべて等しく、四隅の角度はすべて直角(=九〇度)である四角形」といえるでしょう。

さらに他にも、正方形には「同じ長さ」「直角」が隠れています。それはどこにあるのでしょうか。

正方形に二本の対角線を引いてみましょう。「対角線は直角に交わり、その長さは同じである」ことがわかりますね。正方形の「一辺の長さと対角線の長さの比」は、「1:√2(=約一・四一)」となります。

◆正方形の縦と横、対角線の比

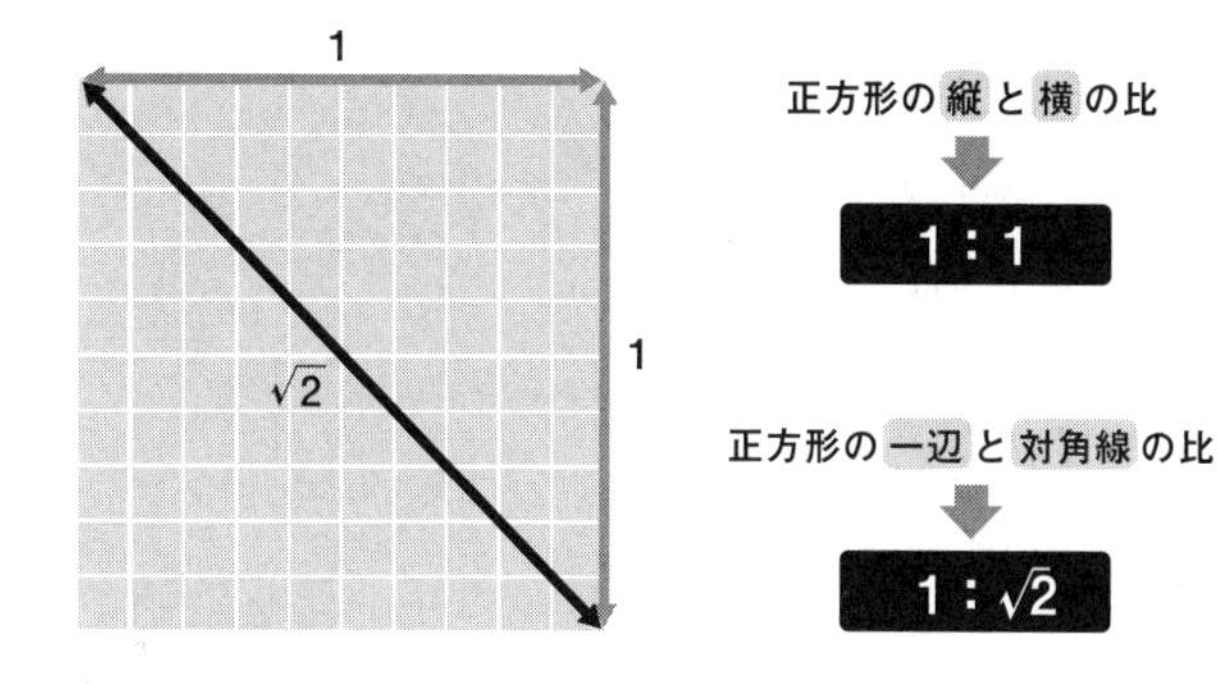

正方形のこの性質を利用して、頭の体操をしてみましょう。さらなる正方形の秘密に迫れるはずです。

◆長方形から正方形をつくる①

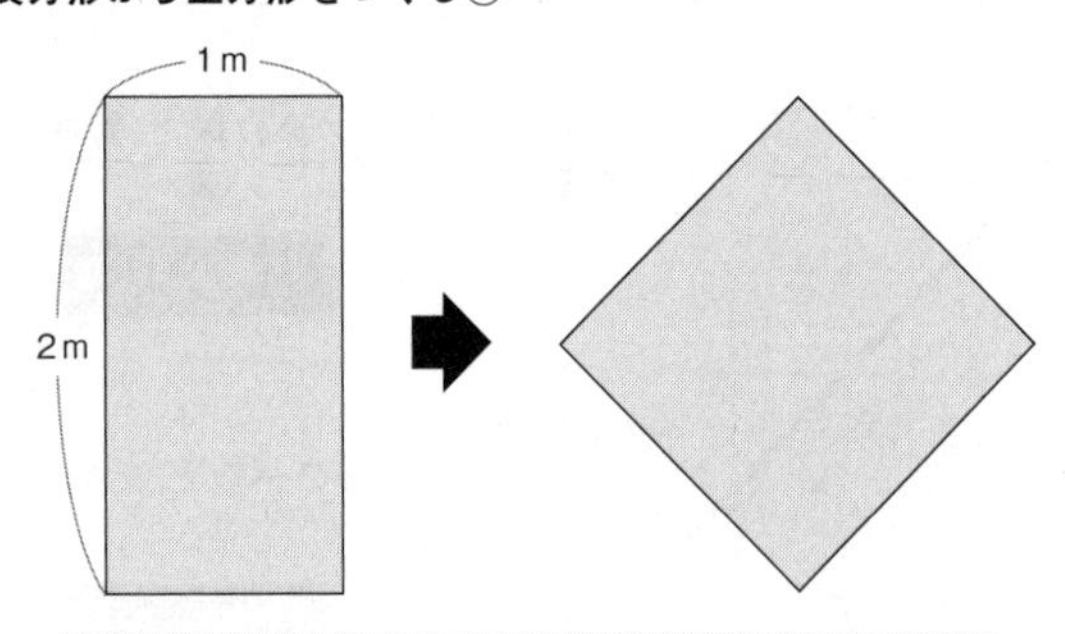

ヒント1：正方形を斜めにすると……
ヒント2：三つに裁断する方法と四つに裁断する方法がある

長方形から正方形をつくる①

それでは、正方形をつくる謎解きに挑戦してみましょう。さっそく問題です。

Q. 横と縦の長さがそれぞれ一メートル、二メートルの布があります。この布を適当に切り分け、それらを並びかえて正方形をつくるにはどうしたらいいでしょうか。二通りの方法を考えてください。

◆長方形から正方形をつくる②

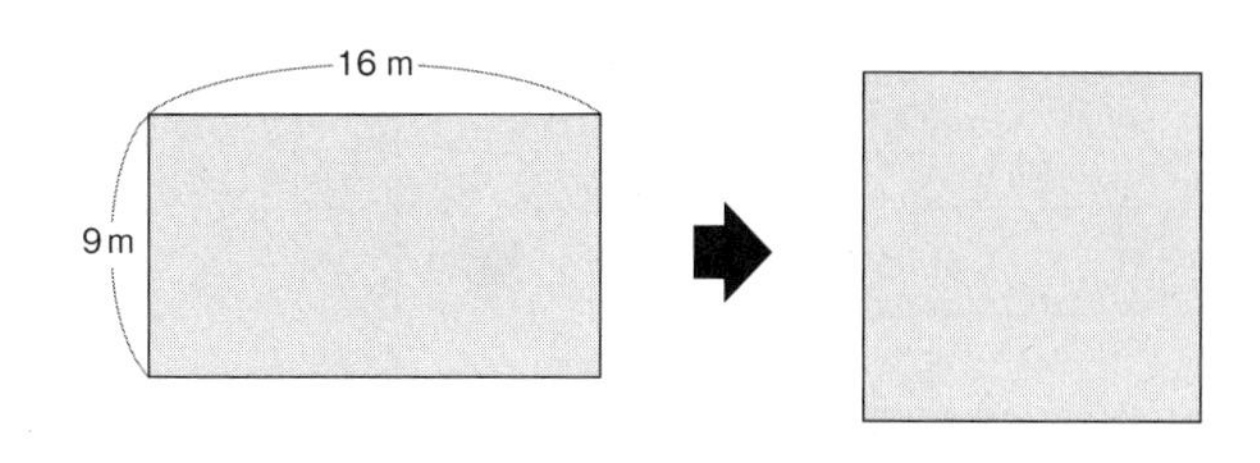

ヒント：小さい長方形を組み合わせるイメージで裁断すると……

長方形から正方形をつくる②

Q. 横と縦の長さがそれぞれ一六メートル、九メートルの布があります。この布を適当に切り分け、それらを並びかえて正方形をつくるにはどうしたらいいでしょうか。先ほどの問題と似ているようで、考え方はまったく異なります。

◆十字の形から正方形をつくる

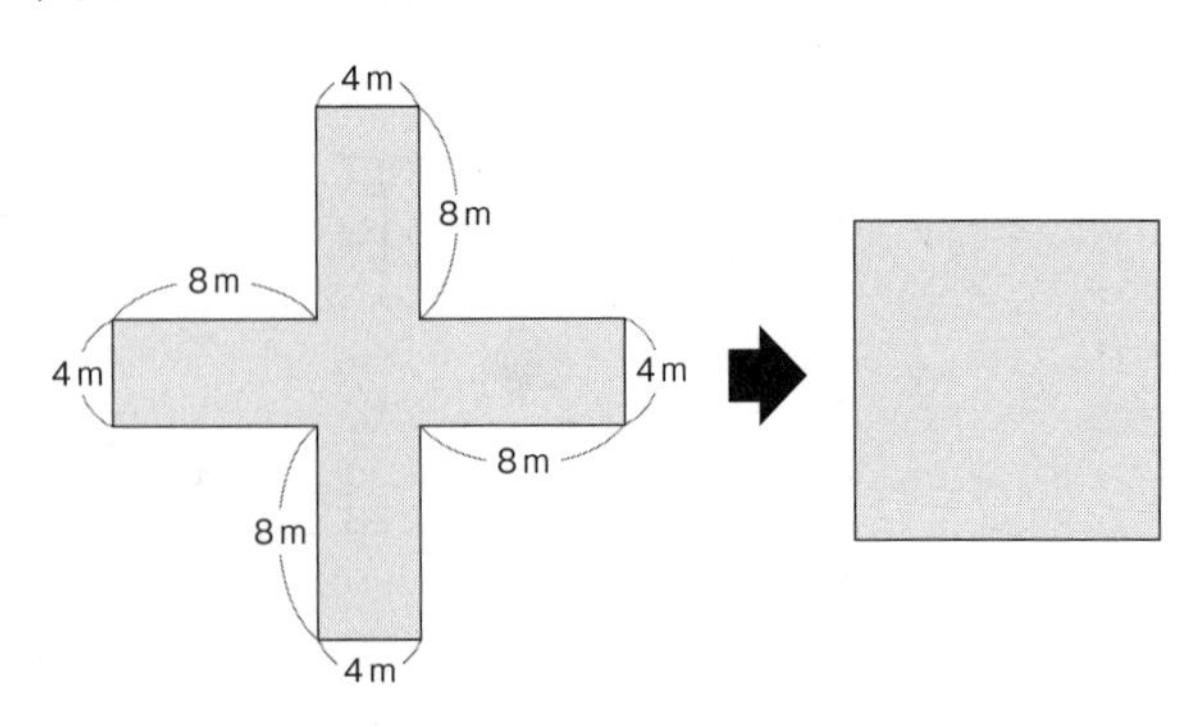

十字の形から正方形をつくる

それでは次の問題です。

Q. 上図のような十字の形の布があります。この布を適当に切り分け、それらを並びかえて正方形をつくるにはどうしたらいいでしょうか。

江戸で人気の「裁ち合わせ」

実はこれらの問題には江戸時代の人たちもチャレンジしていました。問題が載っている本は『和国知恵較(わこくちえくらべ)』『勘者御伽双紙(かんじゃおとぎそうし)』といいます。

それぞれ一七二七年、一七四三年に書か

◆解答：長方形から正方形をつくる①

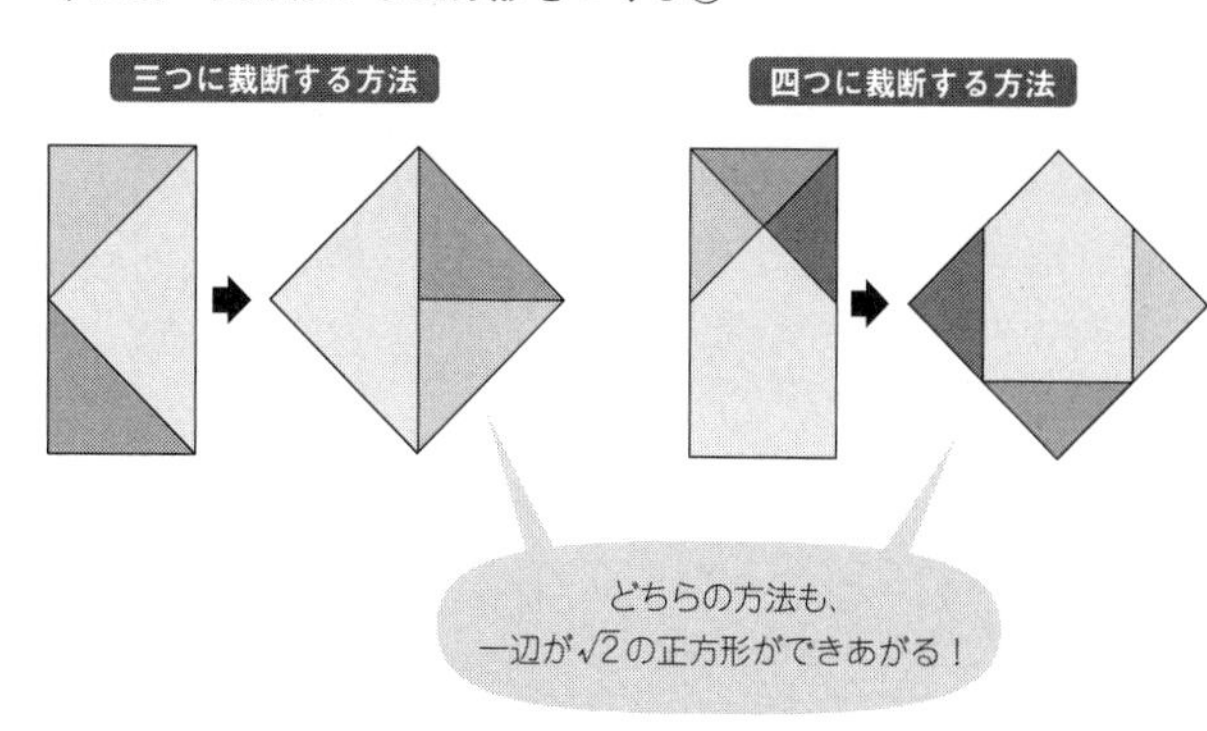

れたので、江戸時代の中頃の本です。

このような問題は「裁ち合わせ」とよばれています。「裁つ」とは、紙や布などを「ある寸法に切ること」。特に衣服に仕立てるために型に合わせて布地を切ることを意味しています。

それでは「裁ち合わせ」の答え合わせです。上と次頁の図を確認してください。

いかがでしょうか。答えがわかってしまえば「なんだ、そうだったのか」と思いますが、なかなか手強い問題が揃っていて悩まされます。

あれこれと考えてみるからこそ面白く、正解したときのうれしさは解いた本人にしか味わえないものです。

◆解答：長方形から正方形をつくる②

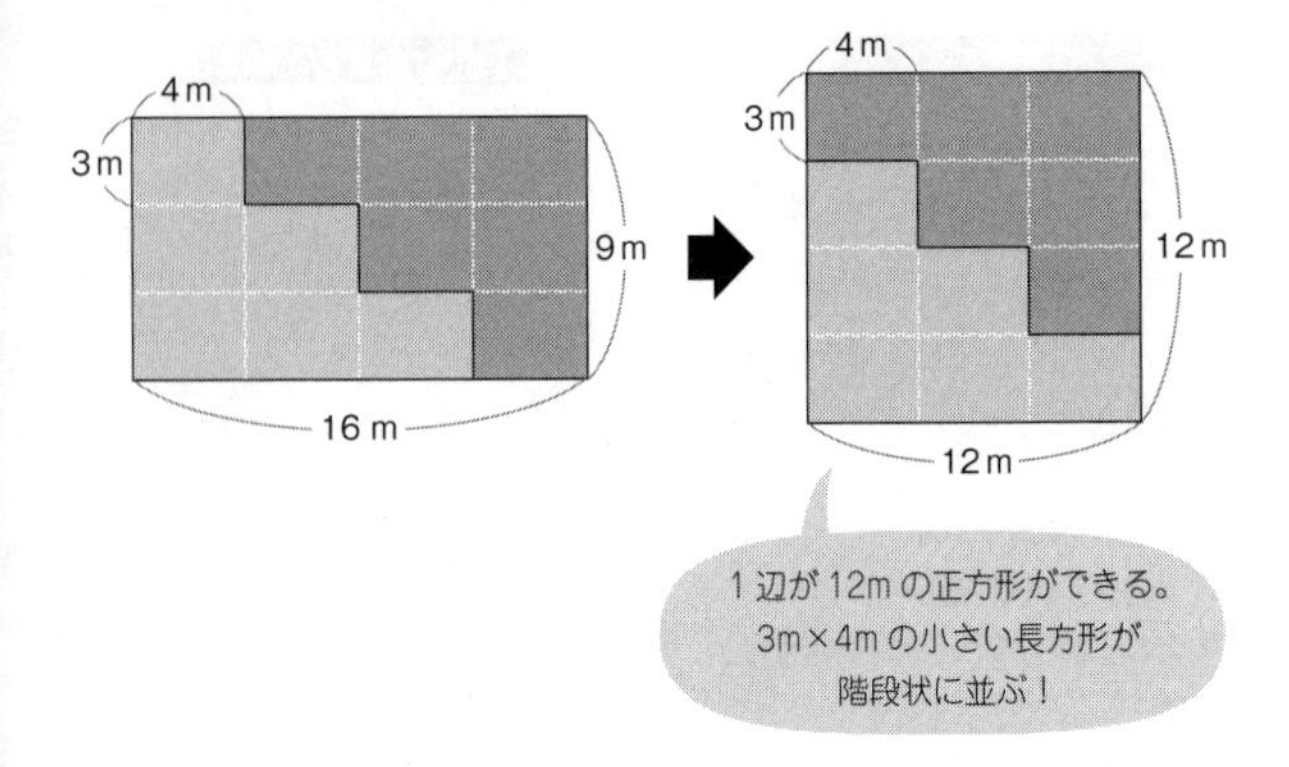

◆解答：十字の形から正方形をつくる

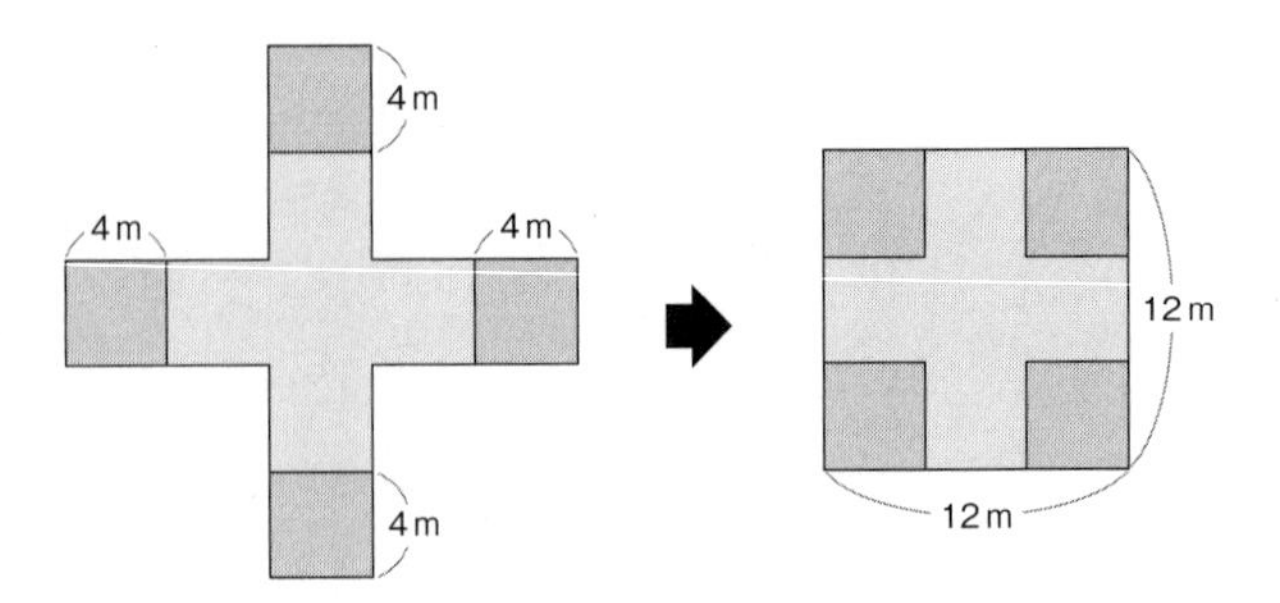

◆長方形から正方形をつくる③(『改算記』)

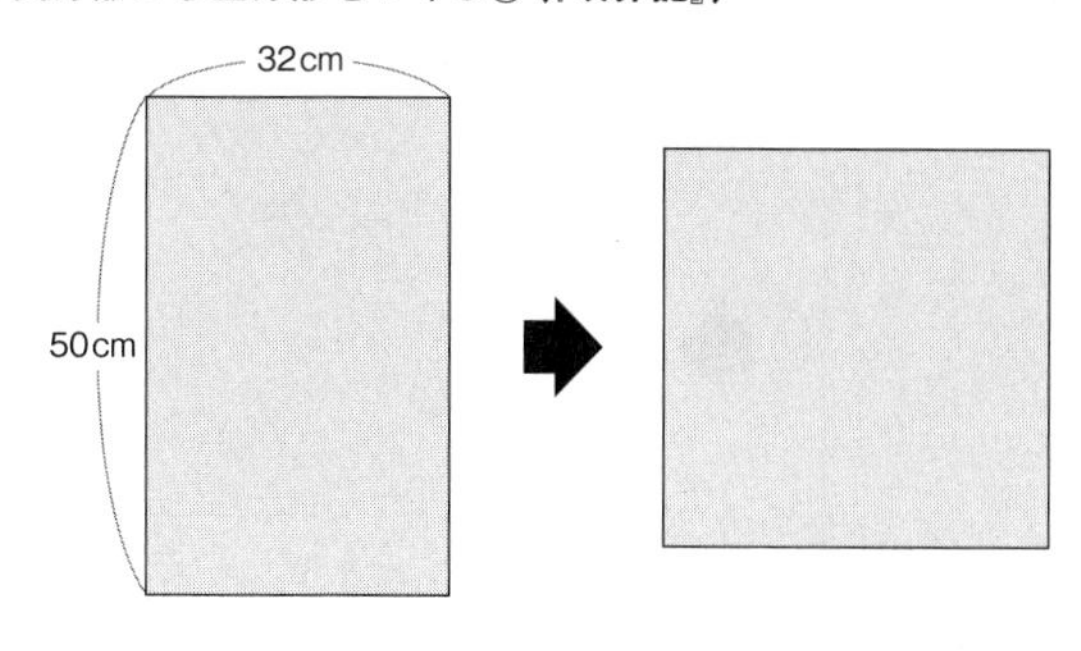

ヒント：元の長方形を小さい長方形に分けてみると……

「裁ち合わせ」にチャレンジ

難易度が少しアップした「裁ち合わせ」の問題に挑戦してみましょう。最初の問題は、江戸時代、一六五九年『改算記(かいさんき)』からです。

Q. 横と縦の長さがそれぞれ三二センチメートル、五〇センチメートルの布があります。この布を適当に切り分け、それらを並びかえて正方形をつくるにはどうしたらいいでしょうか。

◆長方形から直角二等辺三角形をつくる（『勘者御伽双紙』）

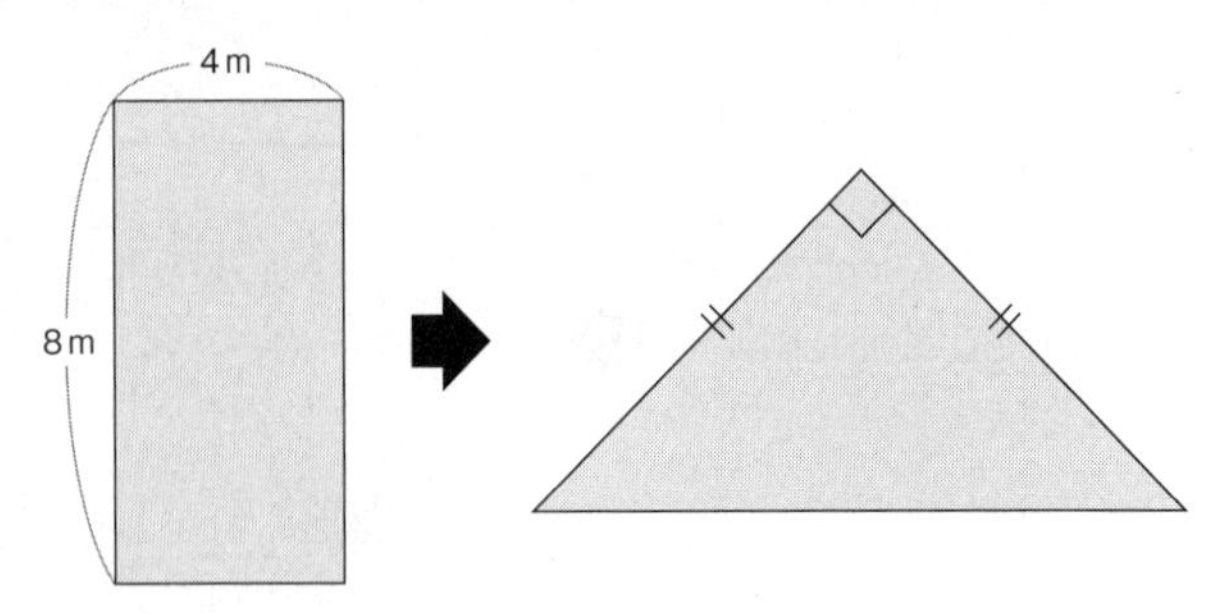

ヒント：「長方形から正方形をつくる①」の切り方を参考にすると……

次の問題は『勘者御伽双紙』からです。

Q. 横と縦の長さがそれぞれ四メートル、八メートルの布があります。この布を適当に切り分け、それらを並びかえて直角二等辺三角形をつくってください。直角二等辺三角形とは正方形を対角線で半分にした形です。

それでは答え合わせをしてみましょう。

『改算記』の問題を解くヒントは、長方形の横と縦の長さにあります。

三二センチと五〇センチなので、それぞれを四等分、五等分すれば八センチ、一〇

◆解答：長方形から正方形をつくる③(『改算記』)

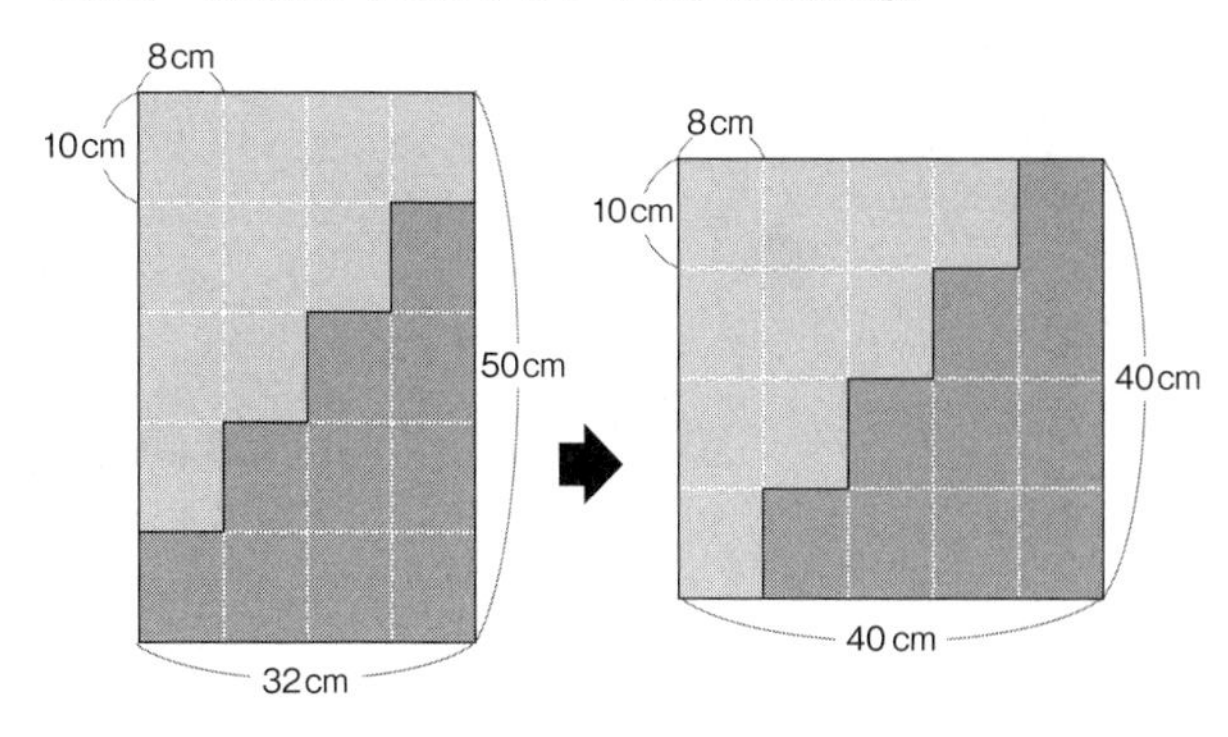

センチの小さい長方形となります。

上の図のように階段状に切ると同じ形のものが二つできます。それをずらして重ね合わせると、一辺四〇センチの正方形ができあがります。

続いての『勘者御伽双紙』の問題は難しかったかもしれませんね。「長方形から正方形をつくる①」の切り分け方がヒントになっています。

解答は次頁を参照してください。

◆解答：長方形から直角二等辺三角形をつくる（『勘者御伽双紙』）

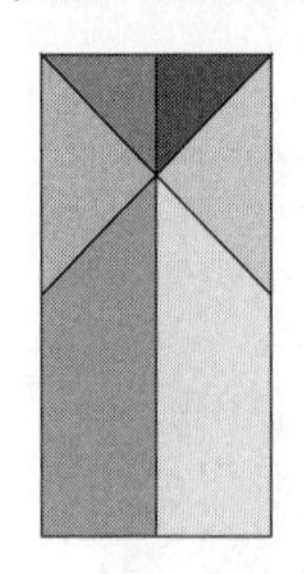

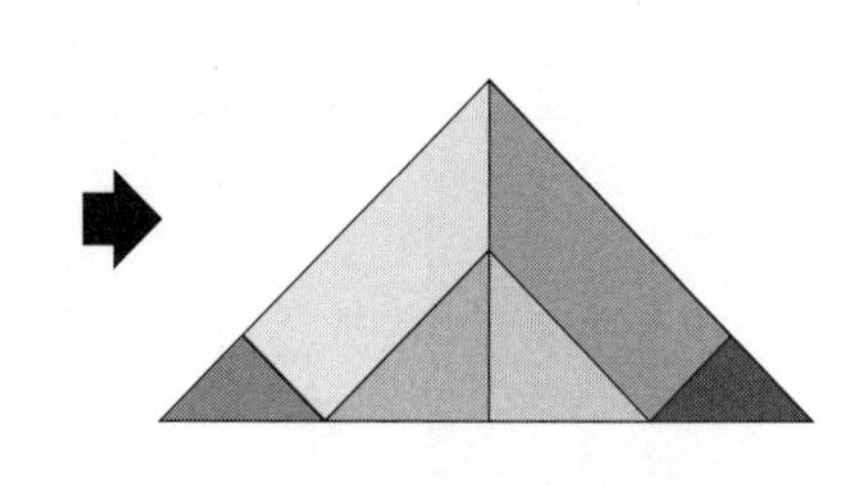

江戸のパズル「清少納言知恵の板」

今度は正方形のパズルの紹介です。江戸時代に出された『清少納言知恵の板』という本にある「清少納言知恵の板」です。『枕草子』で有名な平安時代の作家、歌人の「清少納言」という名前が付いているものの、本当に清少納言がこの知恵の板をつくって遊んでいたかどうかはわかりません。賢い女性の代表としてその名が使われたのでしょう。江戸の子どもたちは昔の人に憧れながら、問題にチャレンジして楽しんでいたようです。

このパズルは、正方形を七つの小さな図形に分割してできています。大・小二種類の直角二等辺三角形、正方形、平行四辺

◆「清少納言知恵の板」

◆「清少納言知恵の板」のつくり方

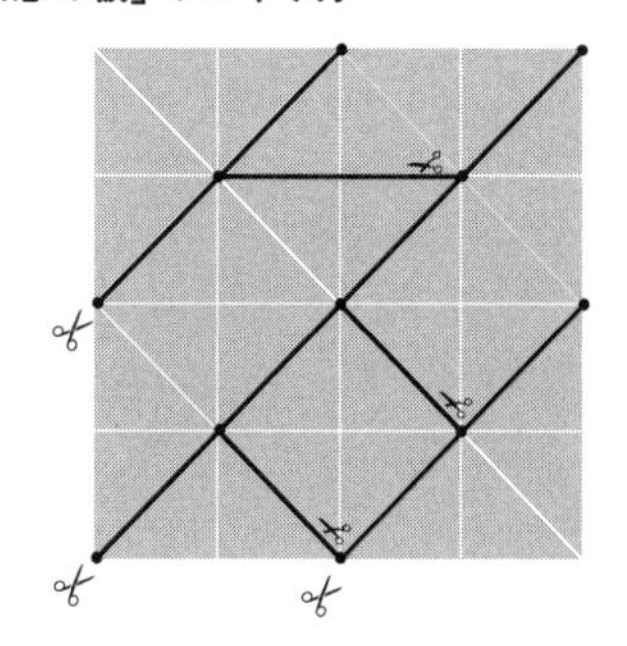

◆「釘ぬき」

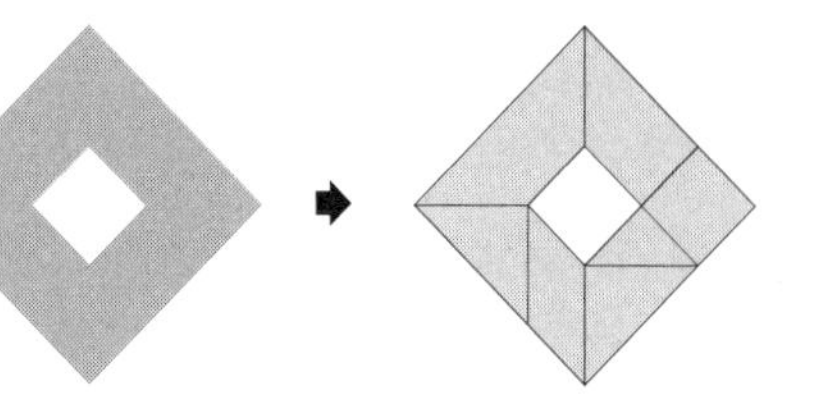

◆「清少納言知恵の板」に挑戦！①

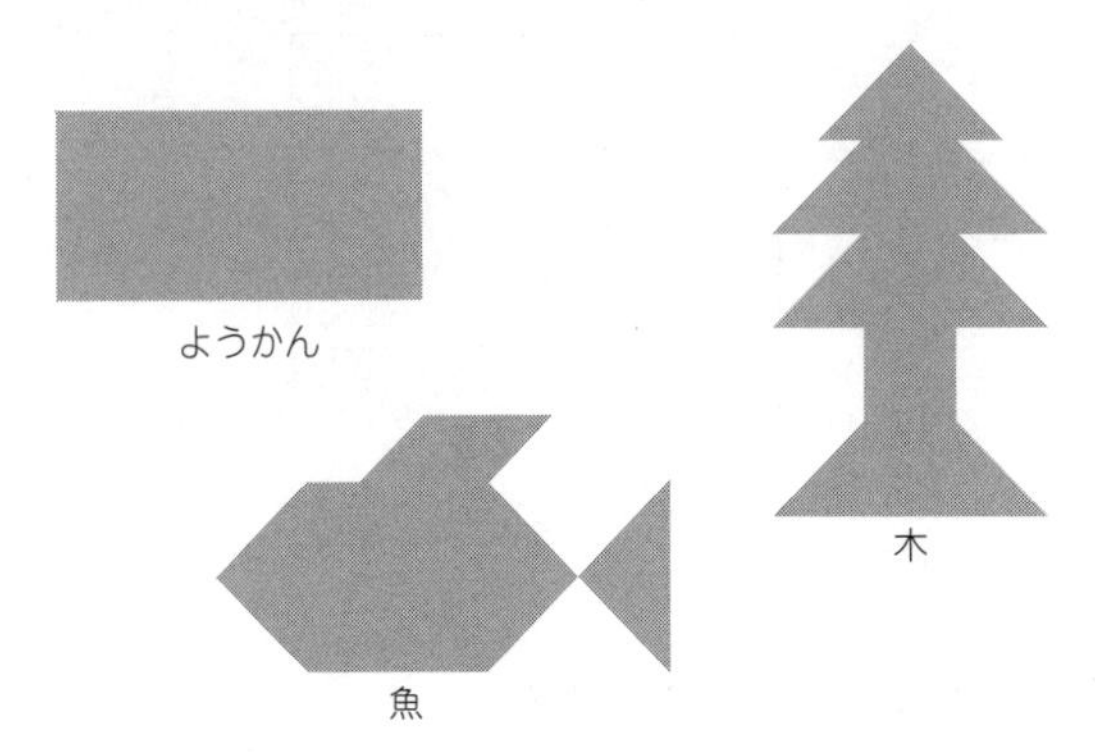

形、二種類の台形です。この七つの図形を使ってさまざまな形をつくるパズルです。七つの図形は反転させて使うこともできます。

正方形である折り紙を使って、「清少納言知恵の板」をつくりましょう。「釘（くぎ）ぬき」といわれる問題が『清少納言知恵の板』に紹介されています。うまくつくれるか、まずは試してみてください。

それでは問題です。

Q. 上の図の影絵をつくってみてください。

◆「清少納言知恵の板」に挑戦！②

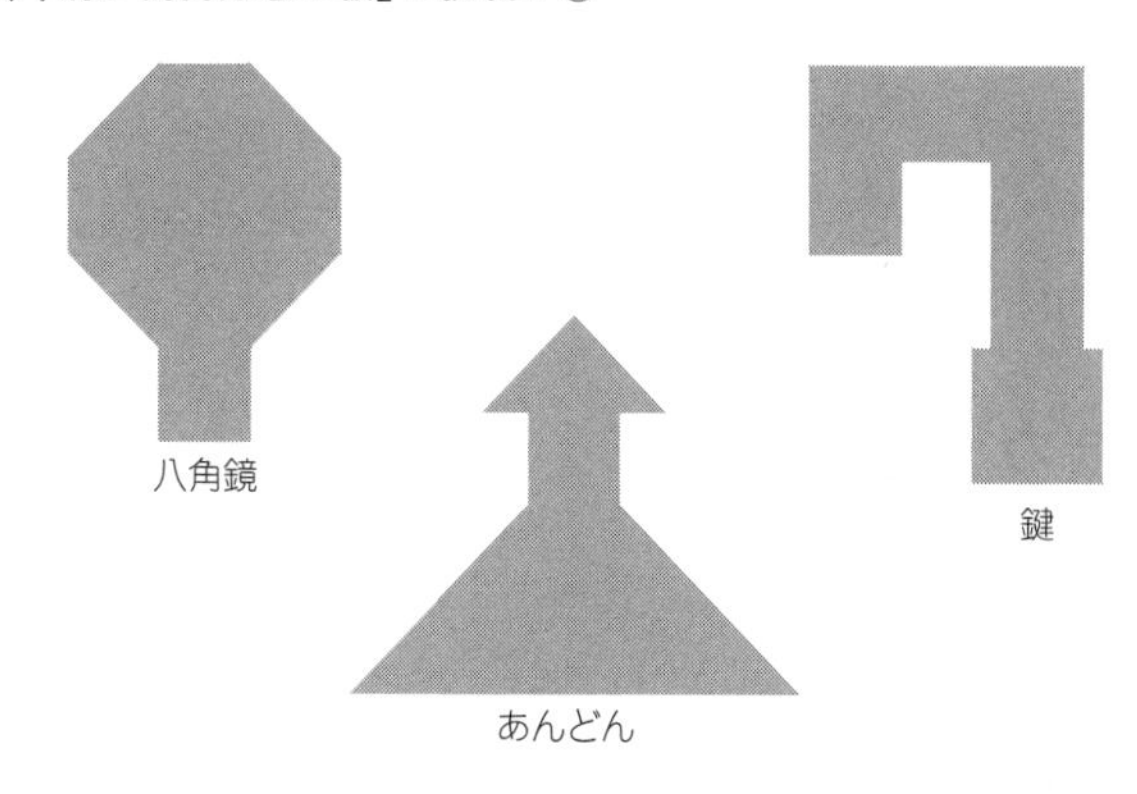

最初に出版された『清少納言知恵の板』の問題は、平安時代の生活で使われていたものや、身分の高い人のためのものが多かったため、江戸時代の子どもたちにはわかりにくかったそうです。

そこで一七四二年に出された『清少納言知恵の板』には、江戸の子どもたちにも理解しやすい身近なものが問題として採用されました。それが「八角鏡」「あんどん」「鍵」などです。

Q. 上の図の影絵をつくってみてください。

◆「タングラム」と「清少納言知恵の板」の比較

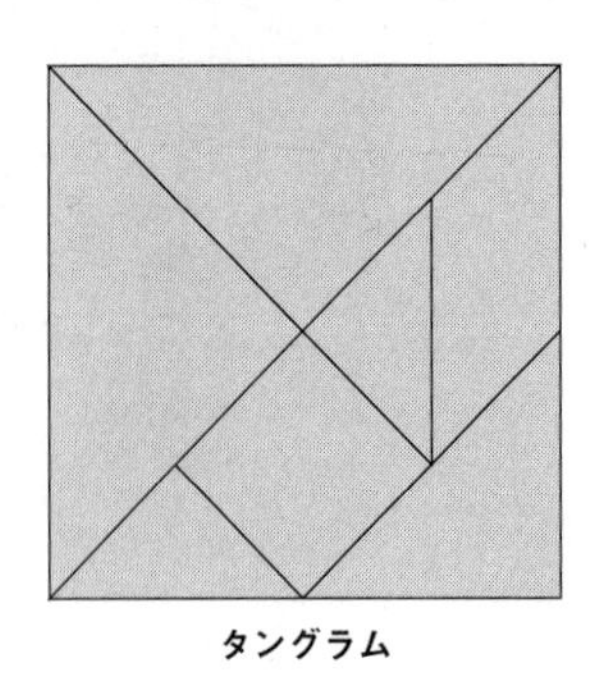
タングラム

清少納言知恵の板

シルエットパズル「タングラム」

面白いことに、世界には「清少納言知恵の板」によく似たシルエットパズルがあります。発祥は中国といわれており、中国では「七巧図（しちこうず）」とよばれています。「七つの巧みな図」という意味です。のちに欧米に渡り、「タングラム」という名称で広まりました。

「清少納言知恵の板」と同じく正方形を七つの図形に分割しますが、二つを比べてみると、その形が異なっていることがわかります。

◆「タングラム」に挑戦！

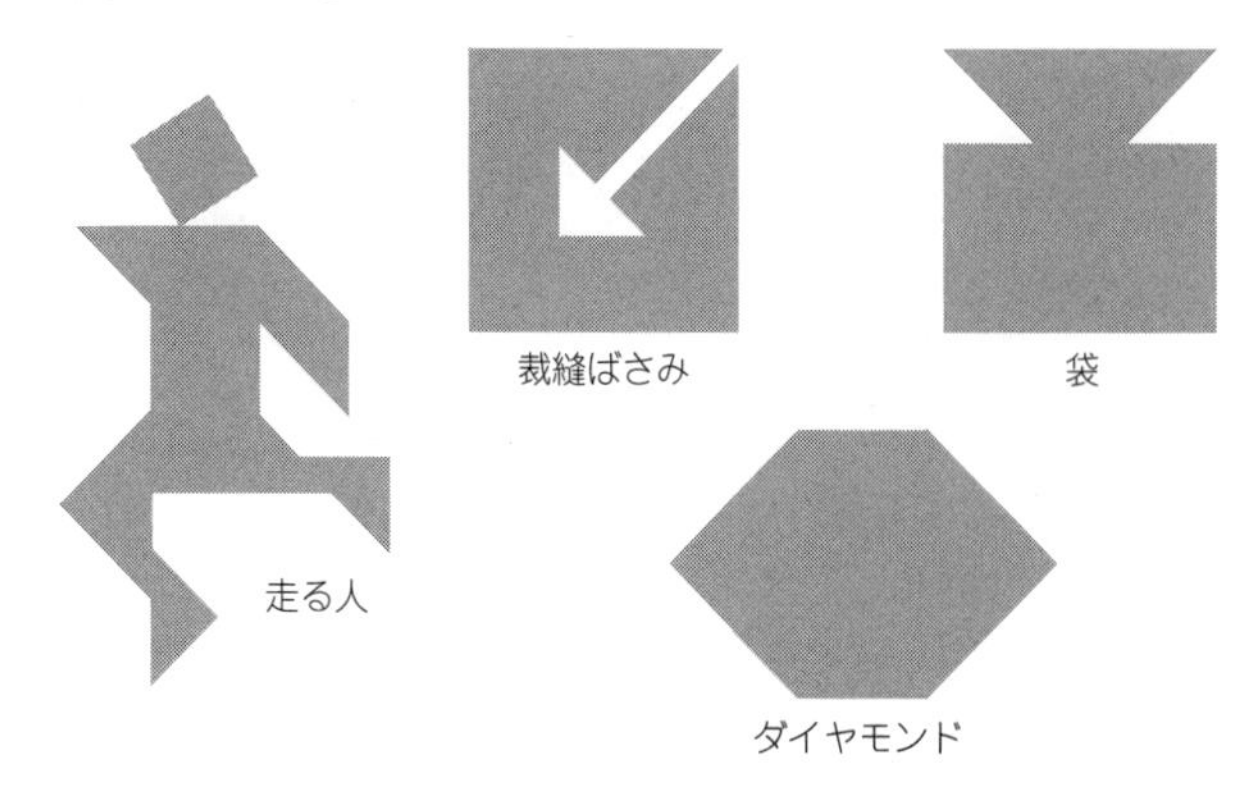

では、さっそく問題です。

Q. 「タングラム」で上の図のシルエットをつくってみてください。

このように「正方形」は古くから、人々の心をとらえてきました。

正方形のシンプルかつ完璧なフォルムは、多くの可能性を秘めた形でもあるのです。皆さんもこれらの問題やパズルを通して、その世界を垣間見ることができたのではないでしょうか。

◆「清少納言知恵の板」に挑戦！③

円周率π

ネイピア数 e

締めくくりとして、私からの問題です。

Q. 「清少納言知恵の板」を使って、上の図の円周率「π」とネイピア数「e」をつくってみてください。

ぜひ「清少納言知恵の板」や「タングラム」を使って、オリジナルの図形を考えてみてください。皆さんの想像以上にたくさんの図形をつくることができると思います。

◆解答

「清少納言知恵の板」に挑戦！①

ようかん

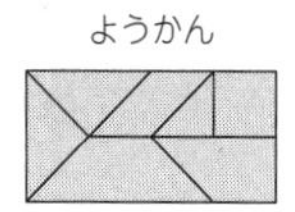

魚

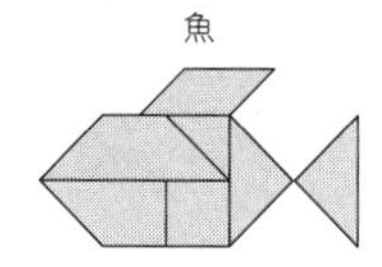

木

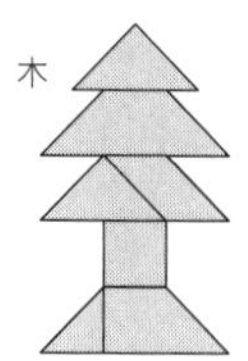

「清少納言知恵の板」に挑戦！②

八角鏡

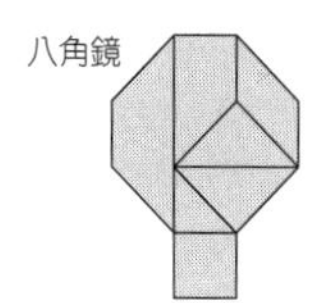

あんどん

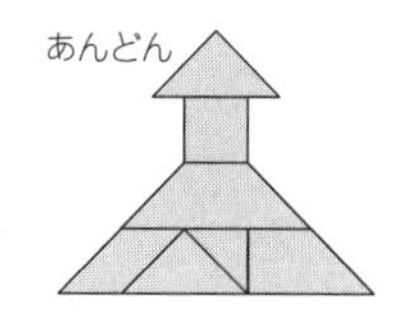

鍵

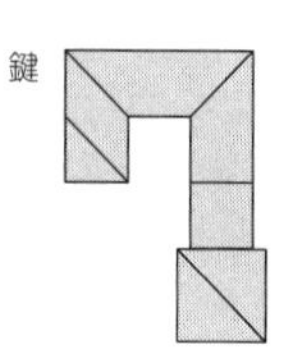

「タングラム」に挑戦！

走る人

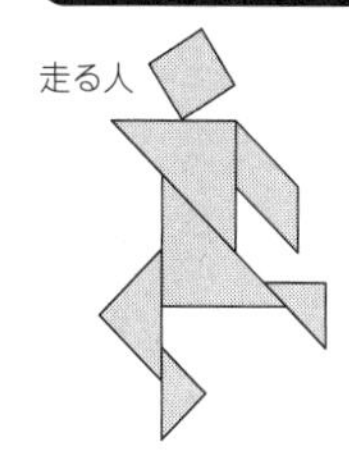

裁縫ばさみ

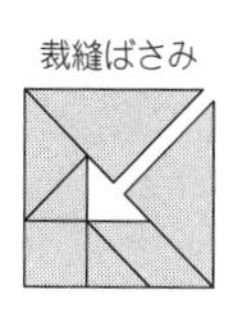

袋

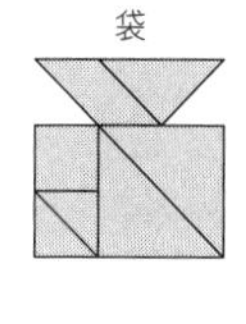

ダイヤモンド

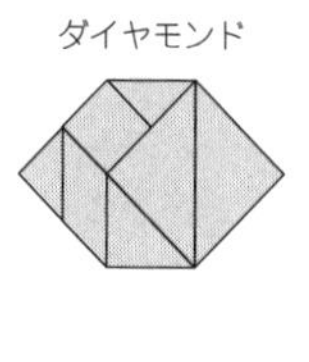

「清少納言知恵の板」に挑戦！③

円周率 π

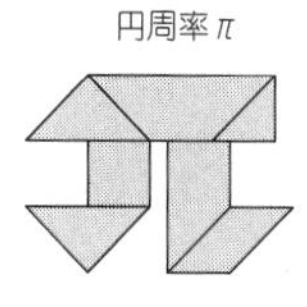

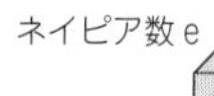

ネイピア数 e

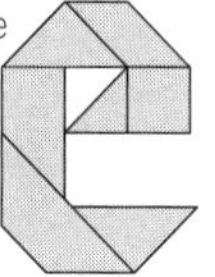

感動的な数学者のはなし

建部賢弘（たけべかたひろ）（一六六四～一七三九）
江戸の数学者

『天地明察』と和算家たち

冲方丁（うぶかたとう）さんのベストセラー小説『天地明察』で一躍有名になった数学者関孝和（せきたかかず）。関には、第一の後継者として有名な和算家がいました。

その人の名は建部賢弘。これから、彼の人となりについて紹介していきます。

建部の肖像画は、残念ながら一枚も残されていません。しかし、彼の存在は日本数学史に燦然（さんぜん）と輝いています。

建部は将軍徳川家光（いえみつ）に仕えた右筆（ゆうひつ）の三男として生まれました。関孝和の高弟として有名になり、徳川三代の将軍（家宣、家継、吉宗）に数学者として仕えたのです。

その業績は群を抜いており、独創的な和算の発展と普及に貢献しました。日本数学会は、関孝和賞と建部賢弘賞を設けて、今なおその業績を讃えているのです。

建部は、幼少の頃から数学に熱中していました。吉田光由の『塵劫記』（一六二七年）、沢口一之の『古今算法記』（一六七〇年）、そして関孝和の『発微算法』（一六七四年）。和算書をかたっぱしから読破しては、ぐんぐんと知識を吸収していったのです。そして、一六七六年、十二歳で兄賢明とともに関孝和に弟子入り。一七〇八年に関孝和が亡くなる四十四歳まで、関孝和の全盛時代をすべて「弟子」という立場から見つめてきました。

多くの人を虜にした「遺題」

建部賢弘の優秀さは、十九歳のときの著作『研幾算法』からもわかります。ちなみに、研幾の「研」は、「くわしくきわめる」、「幾」は「かすかな」という意味です。

それでは、『研幾算法』とはいったいどういう本なのでしょうか。

一六七一年、沢口一之の『古今算法記』から、話は始まります。『古今算法記』は、日本ではじめて「天元術（てんげんじゅつ）」という高次方程式の解法を駆使して問題を解いたとされ、後の和算家にも影響を与え続けた本でした。

とくに、沢口による一五題の遺題（和算家が数学書の中に問題を記して、後世の人に解答を求める）は、とても秀逸だったため、多くの和算家がこぞって問題にチャレンジしたのです。

一六七四年、関孝和は『発微算法』の中で、この一五題の遺題すべてに解答を記しました。

また、一六七九年には、田中由真（たなかよしざね）も『算法明解（さんぽうめいかい）』の中で遺題の解答を記しました。そして、一六八一年、佐治一平（さじかずひら）が『算法入門』の中で関の『発微算法』を批判します。関孝和は解答だけを与えて、その道筋を明快にしなかったことが理由です。

それに対して、関孝和の弟子であった建部賢弘が猛反撃をしたのが『研幾算法』だったのです。この本の中では建部は『算法入門』の誤りを見つけ、それを明確に

◆『研幾算法』

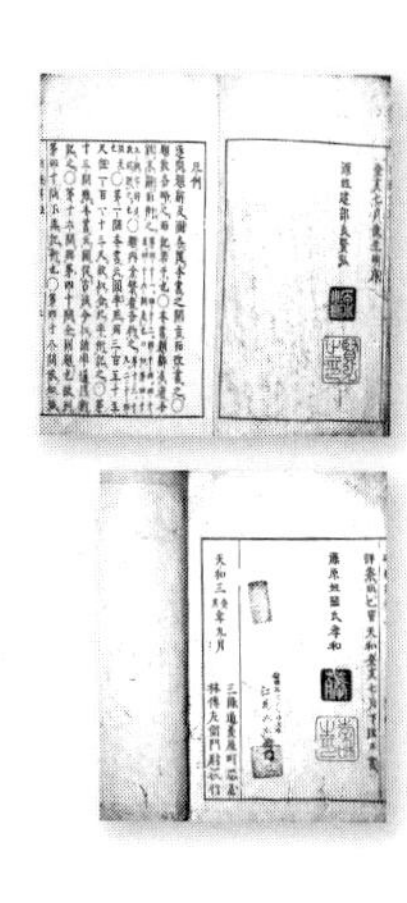

指摘しました。

建部賢弘の天才ぶりはその後もいかんなく発揮されました。一六八五年には、関孝和の『発微算法』の解説書である『発微算法演段諺解』を著し、関孝和の数学を一気に世に広めました。

一六八三年、十九歳の建部は、関孝和の数学を集大成するために『大成算経』の執筆にとりかかります。建部兄弟は力を合わせ、関孝和の死後の一七一〇年にようやく全二〇巻の完成を成し遂げたのです。

関孝和という偉大な師を眼前に、自らの数学をつくりあげていく青年・建部の雄姿が、ありありと脳裡に浮かんできます。

◆『発微算法演段諺解』

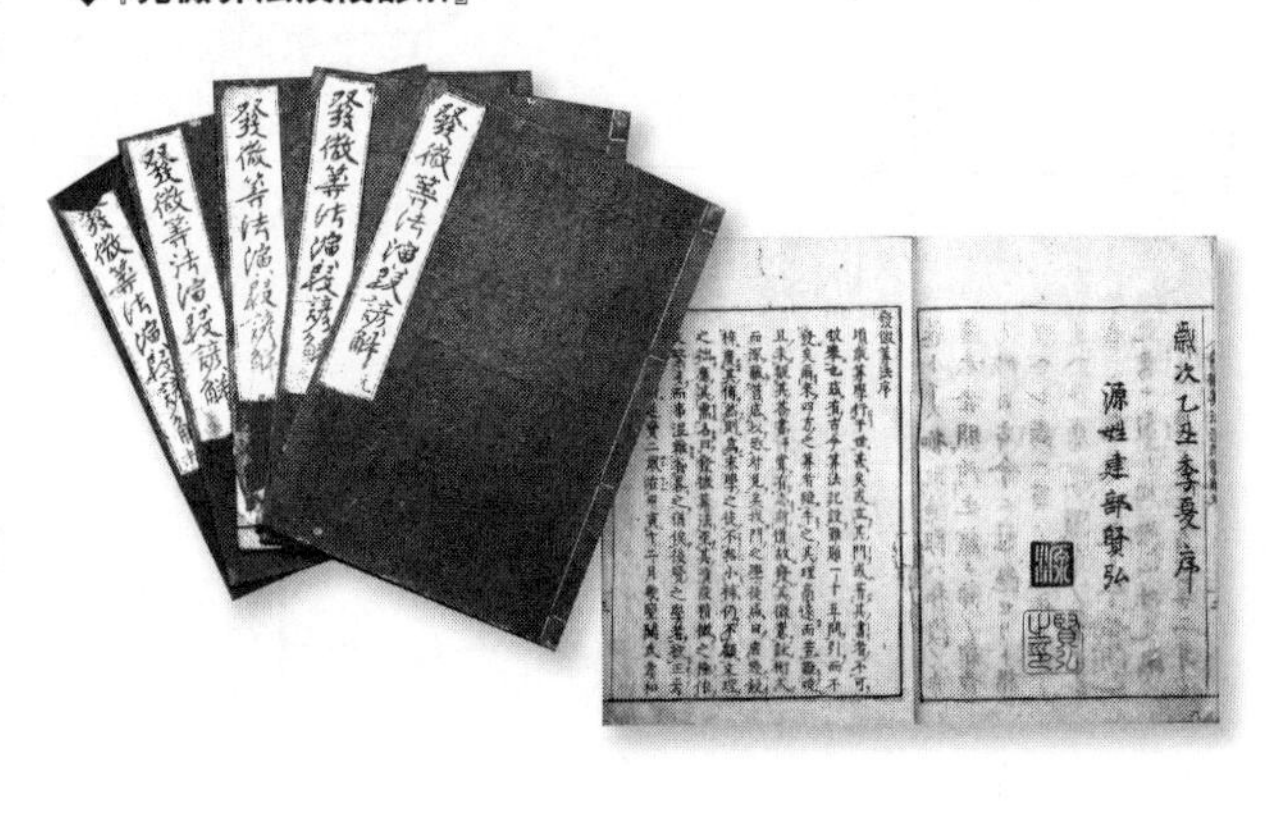

天才オイラーよりも早い発見

続いては、建部賢弘の業績の中でも世界的に注目されている「円周率π」の計算について紹介しましょう。

建部の師・関孝和は「正一三一〇七二（＝2^{17}）角形」から、円周率を小数点第一一位まではじき出しました。この計算のポイントは今日では「エイトケン加速」とよばれている計算法（「増約術」）を用いたことです。これは少ない演算で、桁数の多い正確な数値を得るための計算手法です。

円周率の計算の場合には、「直径一」の円に内接する正多角形の周の長さを計算することで正確な値を求めていくことになります。

「正2^n角形」の「n」を一つずつ増やしていくときには、周の長さの数値をどれだけ正確に求められるかがカギになります。関孝和は、「n」を一つずつ増やしていくと、周の長さが等比数列になるという法則を見つけたのです。

これに対して建部賢弘は、円周の数列の中に新たな法則を見つけることに成功しました。建部が見つけた法則は「累遍増約術」とよばれる「加速法」です。

現在では、「リチャードソン加速」といわれているこの計算により、建部は「正一〇二四（＝2^{10}）角形」から「円周率」四一桁をはじき出すことに成功しました。

ちなみに、円周率計算において、「リチャードソン加速」は二十一世紀になっても研究されているテーマです。

次頁の図をご覧ください。これが、一七二二年『綴術算経』の中で建部賢弘が示した円周率の公式です。

この「無限級数」の公式は、「三角関数sin」の逆三角関数である「arcsin（アークサイン）」を「テイラー展開」した公式に、「$x=\frac{1}{2}$」を代入した公式だったのです。

◆建部賢弘が示した円周率の公式

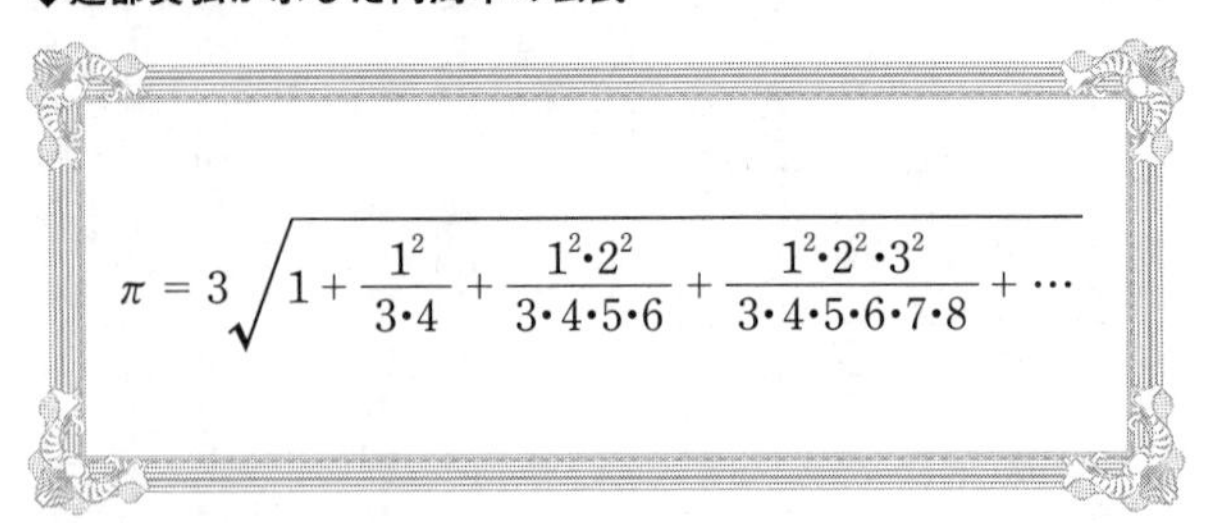

$$\pi = 3\sqrt{1+\frac{1^2}{3\cdot4}+\frac{1^2\cdot2^2}{3\cdot4\cdot5\cdot6}+\frac{1^2\cdot2^2\cdot3^2}{3\cdot4\cdot5\cdot6\cdot7\cdot8}+\cdots}$$

驚くべきことに、この公式は天才レオンハルト・オイラーが微積分学を用いて同じ公式を発見する十五年前のことでした。

このように建部賢弘の数学は、円周率一つをとってみても、世界に誇れる成果を残しています。鎖国をしていた江戸時代、日本の数学は独自に発展しながらも、世界の数学と肩を並べるレベルに達していたのです。そこに、和算の奥深さがあります。

将軍吉宗も建部を評価

一七一三年、徳川家継が七代将軍となり、建部は家継に仕えることになりました。しかし、家継は、わずか在位四年で没してしまいます。

続いて吉宗が八代将軍となると、慣例通りに、前将

◆逆三角関数arcsinを「テイラー展開」した公式

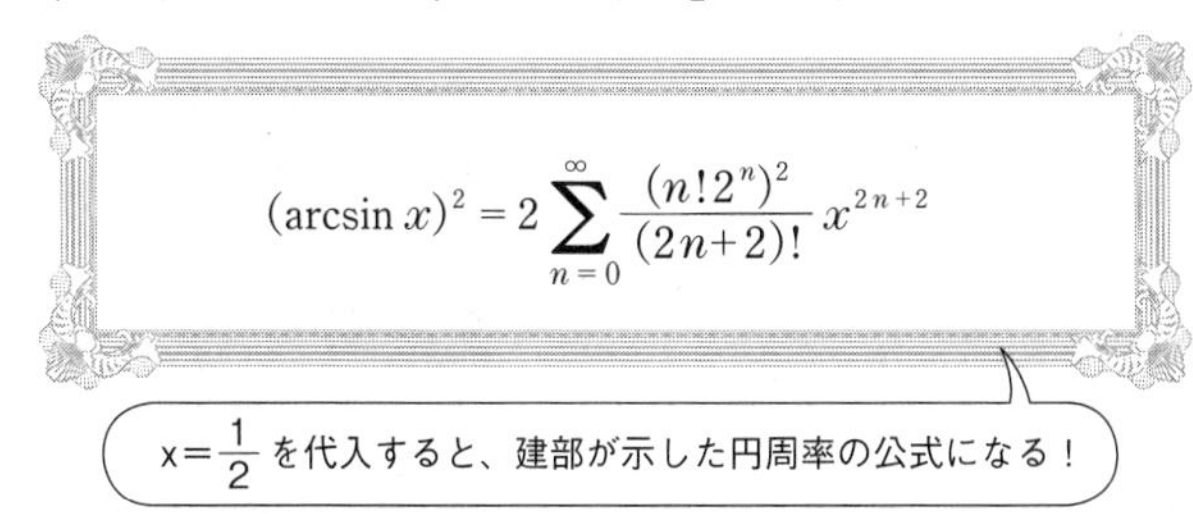

軍家継の家臣は揃って引退しました。建部も引退するはずでしたが、吉宗は彼を江戸城によび戻したのです。

その目的は、改暦にありました。建部は、『算暦雑考』『極星測算愚考』『授時暦議解』といった書を著し、天文、暦算の顧問役を果たしました。結果として、三代の将軍に仕えることになりましたが、これは江戸時代にあっては大変に珍しいことです。いかに将軍家が建部賢弘の才能を買っていたかがわかりますね。

数学は一つの「道」

円周率の値は、原理的には「加減乗除」と「開平(平方根の求め方)」で、いくらでも求めることができます。しかし計算効率がよくありません。

そこで、関孝和は「増約術」を工夫することで円周率に挑戦したのでした。さらに、建部賢弘は「その

◆『綴術算経』に見られる言葉

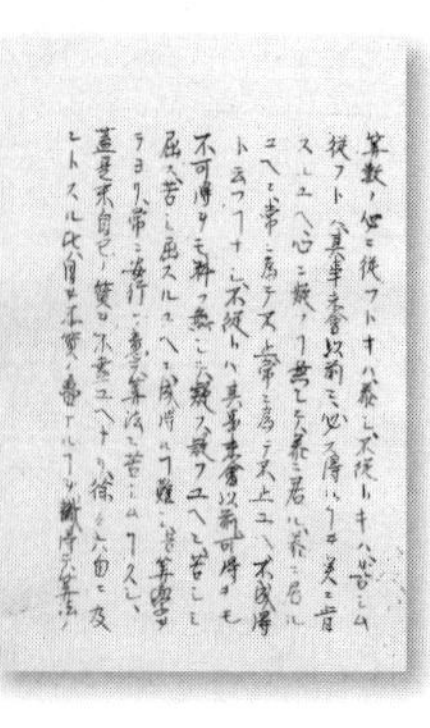

上」を目指したのです。「累遍増約術」と彼がよんだ方法は、一〇個のデータから円周率を四一桁まで求めるもので、師の関孝和を超える値をはじき出しました。

さらに、建部賢弘は無限級数の技を見つけ出すまでに至ったのです。これらが紹介された著作が、『綴術算経』です。

円の中に見つかる数（円周率や弧の長さ）を効率よく求めるために数十桁の数値を計算して、結果をじっと眺めたのです。その鋭い眼光によって、数の背後に潜む規則を見つけ出しました。

建部賢弘が将軍吉宗の求めに応じて書いたこの本の題名として選んだ言葉が「綴（てつ）

術」でした。「綴術」は、円周率の計算で有名な古代中国の数学者祖冲之の著作の題名でもあります。建部は、この言葉こそが、ふさわしいと考えたのです。

建部は、数十桁の数値計算の中から術を見つけ出す作業の中に、数学研究の神髄を見つけ出しました。『綴術算経』の冒頭で、「綴術は綴りて術理を探り会するものなり」と述べています。――「計算」という具象から、「術」という抽象を見つけ出す。その間にある深い過程を、建部賢弘は語り尽くそうとしたのです。

そして、自らが師の関孝和に導かれて、数学の道を歩んできたことを噛みしめながら、後に続く若者に励ましの言葉を贈ります。

算数の心に従うときは泰し。従わざるときは苦しむ。従うとは、其のこと未だ会せざる以前に必ず得ることを実に肯んずる故、心に疑うこと無くして泰きに居る。泰きに居る故に、常に為して止まらず。常に為して止まらざる故、成し得ざるということなし。従わざるとは、其のこと未だ会せざる以前に、得べくをも得べからざるをも料ること無くして疑う。

古今東西、いまだかつて「算数の心」といった数学者を私は建部賢弘以外に知りません。彼が追求した数学は「数学道」であると思うのです。

茶道、華道、香道、剣道……。それらすべてが合理的な思考と手法をもって、美と調和を追求します。「道」というのは「何かに役立てよう」とする営みではありません。あくまで「自分を一つの極みにまで引き上げようとする精神活動」といえます。

そうだとすれば、数学はまさに「数学道」ではないでしょうか。私たち日本人にとっての数学は一つの「道」であるといえます。

三百年前の建部賢弘の数学と言葉は、世代を超えて現代を生きる私たちの心にも響くものです。

◆建部賢弘略年譜

1664年		徳川家光右筆建部直恒の三男として生まれる	関孝和（一六四〇？〜一七〇八）	24歳	（甲府徳川家に仕える）
1674年	10歳			34歳	『発微算法』
1676年	12歳	兄賢明とともに関孝和に入門		36歳	
1683年	19歳	『研幾算法』を著す		43歳	『解伏題之法』『方陣之法』
1685年	21歳	『発微算法演段諺解』を著す		45歳	『開方翻変之法』『題術弁議之法』『病題明致之法』
1690年	26歳	『算学啓蒙諺解大成』を著す 徳川綱豊（家宣）の家臣・北条源五衛門の養子となる		50歳	
1695年	31歳	『大成算経』12巻まで完成		56歳	『四余算法』
1701年	37歳	徳川綱豊に仕える		61歳	
1703年	39歳	御小納戸番となる		64歳	
1704年	40歳	西城御納戸組頭番となる		65歳	江戸に移り、幕府直属の士となる
1708年	44歳			69歳	没
1709年	45歳	西城御小納戸番になる	徳川家		**徳川家** 綱吉没。家宣、六代将軍となる
1712年	48歳				家宣没
1713年	49歳				家継、七代将軍となる
1714年	50歳	一番町に引っ越す			
1716年	52歳				家継没。吉宗、八代将軍となる（1745年まで）
1721年	57歳	二之丸御留守居となる			
1722年	58歳	『綴術算経』『不休綴術』『辰刻愚考』を著す			
1725年	61際	『国絵図』『歳周考』を著す			
1726年	62歳	『暦算全書』（梅文鼎著）の翻訳を命ぜられる			
1728年	64歳	『累約術』を著す			
1730年	66歳	御留守居番となる			
1732年	68歳	御広敷用人となる			
1739年	75歳	没			

「コンピュータ」vs.「電子計算機」

「電子計算機」と「コンピュータ」

現代は、「電子計算機」のおかげで「数」の世界の探求と「数」の大規模な処理が可能になりました。例えば、受験でおなじみの偏差値やテレビ番組の視聴率も、多くのデータを処理する「電子計算機」なしにはありえません。

「電子計算機」とは「コンピュータ」のことです。「コンピュータ」とはいわずに、あえて「電子計算機」といったのには理由があります。

「電子計算機」——こういうと、五十代以上の方たちは、昔の「大型計算機」を思い浮かべるかもしれません。

また、若い人たちは「小型電卓」が当たり前の時代に生まれ育ち、「コンピュータ＝PC（パーソナル・コンピュータ）」と理解しています。そのため、「電子計算機」という本来の呼称が意識されることは、ほとんどなくなってしまいました。

◆昔のコンピュータ「大型計算機」

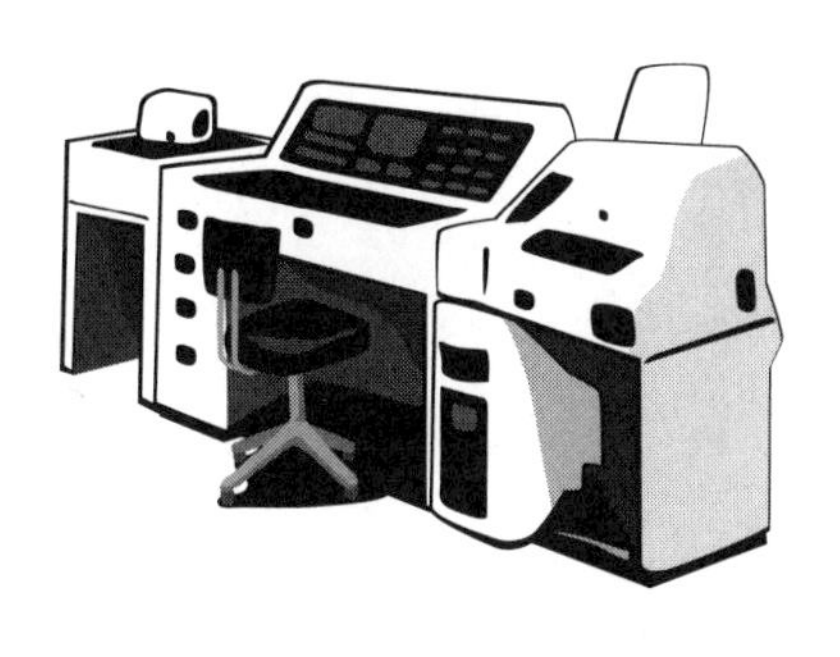

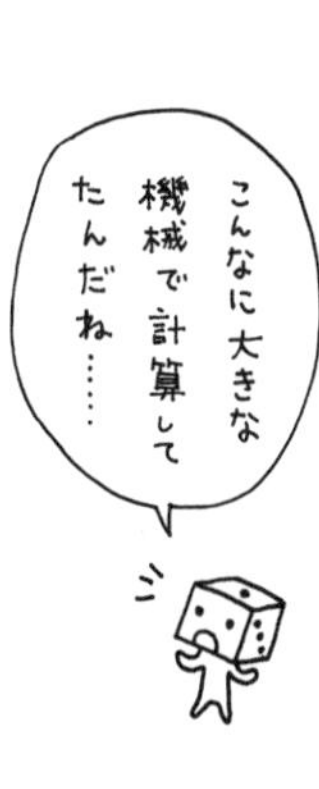

現代のＰＣは、「大型計算機」を使っていた人々の想像をはるかに超え、高速かつ大容量のデータ処理を可能とするスーパーマシンとなりました。夢のようなテクノロジーに囲まれた電脳世界が日々建設されています。

「0と1」でパソコンは動く

しかし、「電子計算機」は「コンピュータ」へと進化したのでしょうか。本気でそう考えている人がいれば、それは誤りであるといわざるを得ません。

現在の「ＰＣ」は、単なる「電子計算機」以外の何物でもないからです。

「電子計算機」の心臓部分である「ＣＰＵ

（中央演算処理装置）」において、基本的演算（加算、減算）や「AND」「OR」「NOT」といった論理演算は、数を「0」と「1」の組み合わせで表す「二進法」によって行われています。

現在の「コンピュータ」は、昔に比べて処理速度や記憶容量が格段にアップしましたが、この心臓部分については本質的に変わりません。

つまり、いまだに「コンピュータ」は「電子計算機」なのです。

ホームページを表示するためのＨＴＭＬ

ここで「電子計算機」における三つの革新的技術を取り上げてみます。

「ＷＷＷ（ワールド・ワイド・ウェブ）」は、インターネットで標準的に用いられる情報提供システムとして、現在ＩＴ社会の中核をなす技術ですが、これは現代物理学がきっかけで生まれました。

一九八九年に、欧州原子核研究機構（ＣＥＲＮ）の計算機科学者ティム・バーナーズ＝リー（一九五五〜）が設計したものが「ＷＷＷ」「ＵＲＬ」「ＨＴＴＰ」、そして「ＨＴＭＬ」です。

彼は、世界最大規模の素粒子加速器による実験を行っていました。実験の結果は、膨大なデータとなります。その巨大な数値データを、世界中にいる研究者が効率よく共有、閲覧できるようにするために、彼が生み出した文献検索および連携のための言語が、現在、ホームページ作成に使われている「ＨＴＭＬ」だったのです。

美しく数式を印刷したいと願う心から生まれたソフトウェア

また、「ＴｅＸ(テフ)」という、数式を含む文書整形ソフトウェアがあります。これは、数式を自在に表現できる、とても楽しいソフトウェアです。アルゴリズム（問題を解決するための計算手順）解析の研究で知られる、アメリカの数学者・計算機科学者のドナルド・クヌース（一九三八～）は、かつて秘書にタイプライターで原稿を打ち出させていました。

ところが、クヌースは、仕上がった論文の見た目の汚さに我慢がなりません。彼は、「もっと整った美しい数式を」と考えたのでしょう。そこで、一念発起(いちねんほっき)してつくりあげたソフトウェアが「ＴｅＸ」です。

◆表示しにくい数式の記号も……

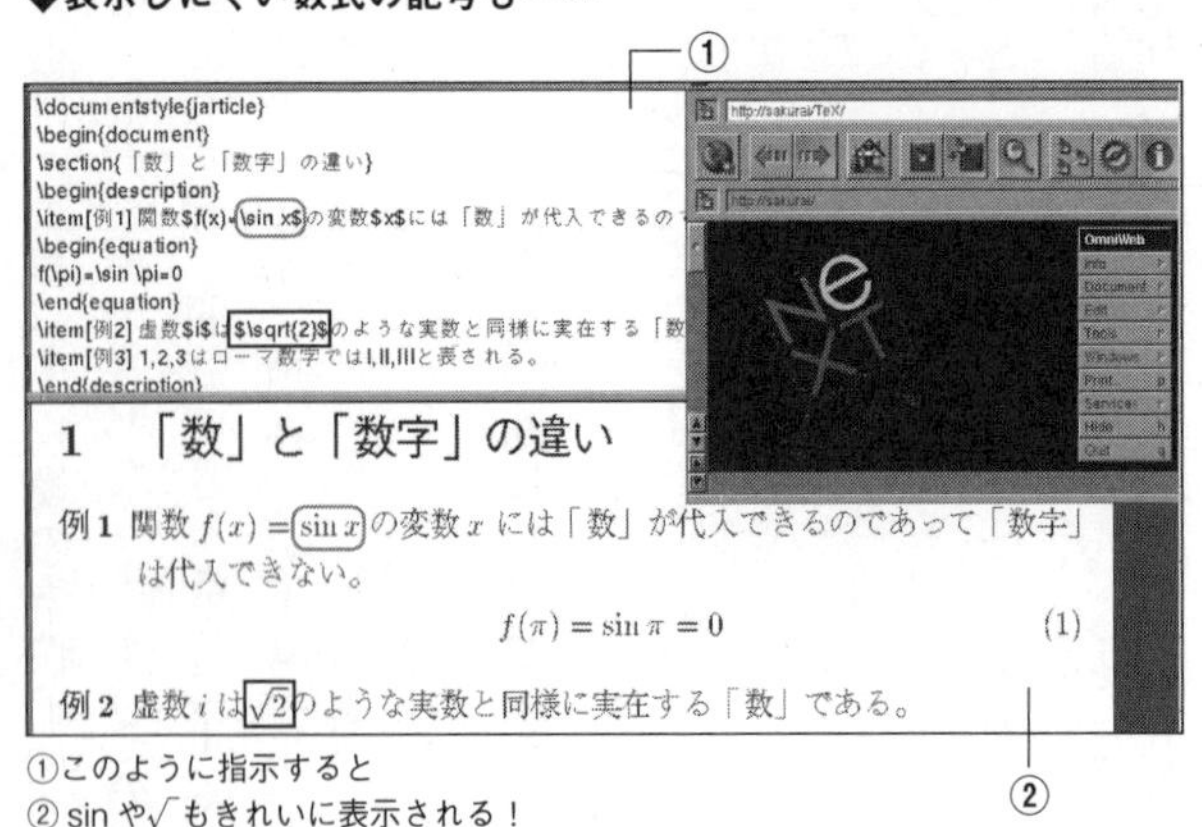

①このように指示すると
②sinや√もきれいに表示される！

印刷とは白黒の世界、つまり「0と1」の世界であることを見抜いたクヌースは、自らの計算機科学の技を応用して組版ソフトウェアをつくりあげ、ついにはフォントまで自分でデザインしてしまったのです。

円周率πに近づくヴァージョンアップ？

クヌースは「TeX」のオリジナルヴァージョン「3」の開発時に、これ以上の機能拡張をしないことを宣言しました。

不具合の修正によるヴァージョンアップは「3・1」「3・14」「3・141…」という具合に進み、最終的には、クヌースの死をもって「円周率π」として、ヴァージョンアップを打ち切るというルールを決めたのです。

現在も発展し続ける「TeX」のおかげで、世界中の数学研究者は、最高精度の数式レイアウトを、プラットフォームに関係なく使用できるという恩恵にあずかっています。

「TeX」は、究極の数式専門組版ソフトウェアです。例えば、数式を前頁のように表記します。

興味のある方はぜひインターネットで「TeX」と検索して、ソフトウェアをダウンロードしてみてください。

スティーブ・ジョブズと計算機

そしてOS「NeXTSTEP」です。アップル社の創業者スティーブ・ジョブズ（一九五五〜二〇一一）はアップル社を退いた後、自らの夢を実現させるべくネクスト社を立ち上げました。そこで開発されたOSが「NeXTSTEP」です。

一九八〇年代後半から一九九〇年代後半までの間、ジョブズはネクスト社で自分が考えうる最高のOSをつくりあげました。

◆電子計算機における革新的技術

NeXTSTEPの開発者

スティーブ・ジョブズ

TeX の開発者

ドナルド・クヌース

HTMLの開発者

ティム・バーナーズ=リー

それは、その後の「Mac OS X」、そして現在の「iPad」へも脈々と受け継がれています。「iPod」「iPhone」「iPad」の開発ツールは「NeXTSTEP」が土台となっているのです。

ちなみに、前述したティム・バーナーズ=リーが、「WWW」を実際に稼働させたのは「NeXTSTEP」が搭載されたNeXTマシンでした。

この三つの技術「HTML」「TeX」「NeXTSTEP」に共通する最大の特徴は、現在でも発展し続ける寿命の長さです。

その秘訣は、一人の才能が、徹底的に完結した物語をつくり上げたことです。彼らは、それぞれの技術の黎明期に、コンピュータを徹頭徹尾「電子計算機」として見ることで、そのマシンで何ができるのかという最も根源的な問いかけを続けることによって、自らの答えを出したのです。

パソコンをひっそりと支える数字たち

現代は、先人たちがつくり上げた技術を便利な道具として誰でも簡単に利用できる時代になりました。しかし、繰り返しますが「コンピュータ」は依然「電子計算機」であり、本質的に何も変わっていません。

時には「コンピュータ」を「電子計算機」とよんでみる——言葉の力は、思いのほか強いものです。たったそれだけのことで「数字」や「コンピュータ」の背後にある本質的なもの——「数」と「計算」の存在に思い至るのです。

縄を使って直角をつくる⁉

定規とコンパスで直角をつくる

「きれいな直角を描きなさい」といわれたら、皆さんはどうしますか？

学校で学んだように、直角は、垂直に交わる二本の直線による九〇度の角です。

多くの人は、分度器と定規を使うでしょう。もし分度器がなかったら、直角は描けないのでしょうか。そんなことはありません。

分度器がなくても、きれいな直角を描くことはできます。しかも、それはあなたの身の回りのもので大丈夫です。

これから、直角がないところに、直角をつくり出すテクニックを紹介します。

まずは直角に交わる二本の線を描く方法を考えてみましょう。

しかし、直角三角形の三角定規をなぞったり、分度器で測ったりするのでは面白くありません。

皆さんに与えられた道具は定規とコンパス、そして鉛筆だけです。ただし、定規の目盛りは使いません。

コンパスは円を描くための道具ですが、今回はこの性質を使って、「同じ距離の二点を別のところに描く」ことに利用します。

ノートの上に一本の線分と点Aを描きます。この点Aから、線分に直角に交わる線を四ステップで引いてみましょう。

STEP1 まず、点Aを中心として、線分と交わるように適当な半径の円弧（円の一部）をコンパスで描きます。

STEP2 直線と円の交点の一方を中心に、その半径と同じ、またはそれよりも長い円弧を描きます。

STEP3 STEP2と同じ半径のまま、もう一方の交点を中心に円弧を描きます。

STEP4 定規を使って、「線分の下側にできた二つの円弧の交点」と「点A」

を通る線分を結びます。これが直角に交わる線となります。

そして、最後に、二本の線分による角度が直角になっているかどうかを、三角定規や分度器を当てて確かめてみましょう。うまく直角をつくることができたでしょうか。

縄を使って直角をつくる

さて、今度は部屋から外に出て、大地の上に大きな直角をつくる方法を考えてみましょう。

例えば、グラウンドにサッカーコートをつくるとします。まず、大きな長方形を白線で引かなくてはなりません。

一本の線分に直角に交わる線分を引くことで、長方形をつくることができますが、数十メートルの長さの白線を引くために使える道具は「長い一本の縄」だけです。

とても広い場所なので、定規やコンパスを使った、先ほどの方法を利用すること

◆コンパスと定規で直角をつくる

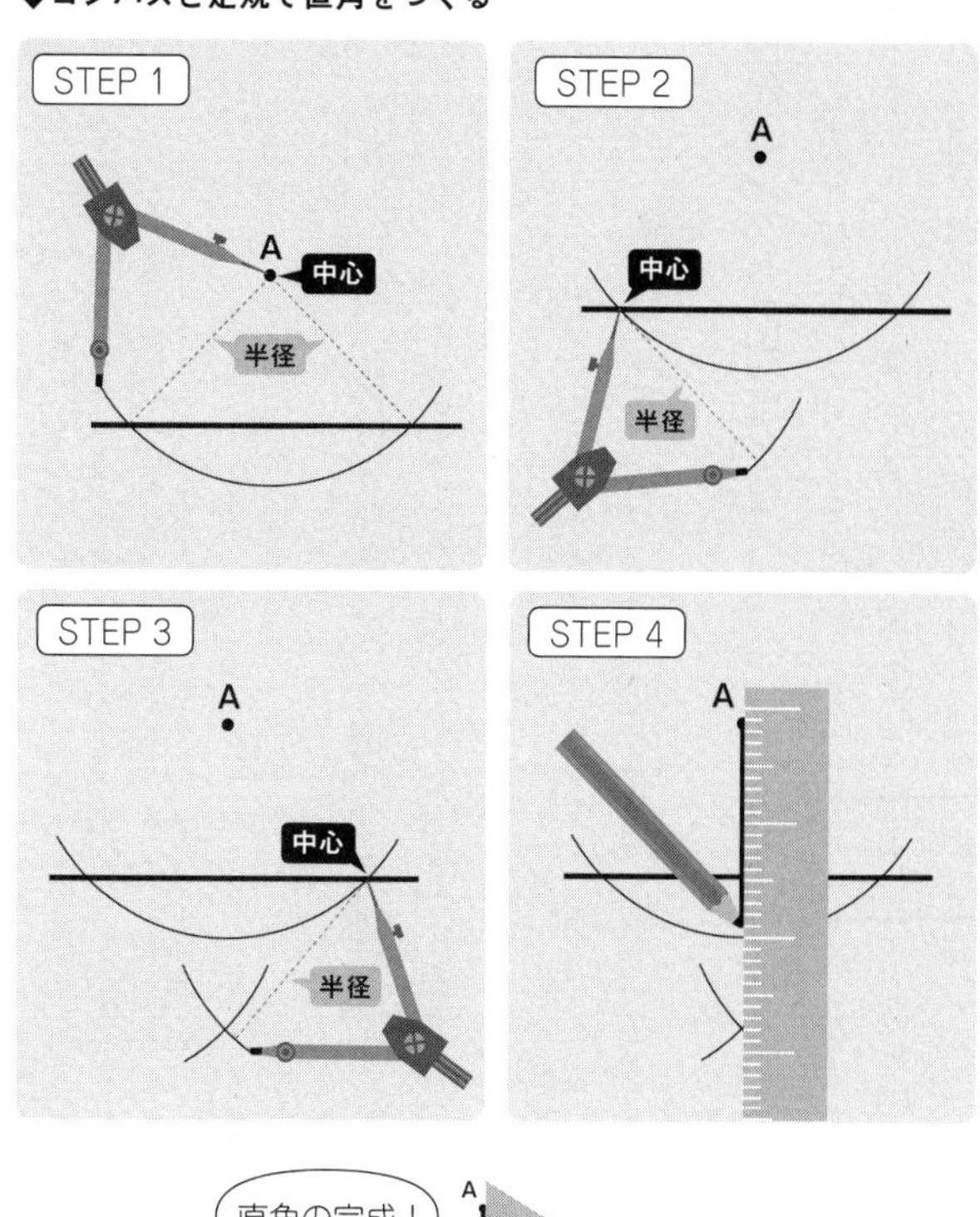

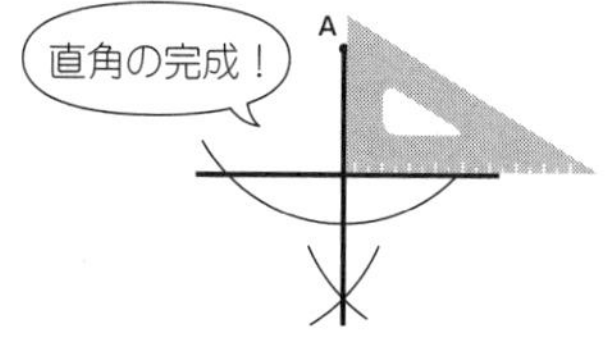

は難しそうです。

それでは、一体どうやって直角をつくったらいいのでしょうか。

実は一本の縄だけでも、次のようにすると直角をつくり出すことができるのです。

STEP1　長い縄に等間隔に一二個の印を付けます。

STEP2　印を使って、「長さ3」「長さ4」「長さ5」に分けます。

STEP3　縄の端を結んで、「長さ3」「長さ4」「長さ5」に分けた箇所を頂点として三人でそれぞれ持ち、縄をピンと張ります。すると「長さ3」と「長さ4」の間の部分が直角になります。

古代エジプトの知恵と技

この方法は古代エジプトをはじめ、古代バビロニア（現在のイラク南部周辺）や、インド、中国でも古くから知られていました。農地の境界を引いたり、建築のために縄を使ったりして直角をつくっていました。

◆縄を使って直角をつくる

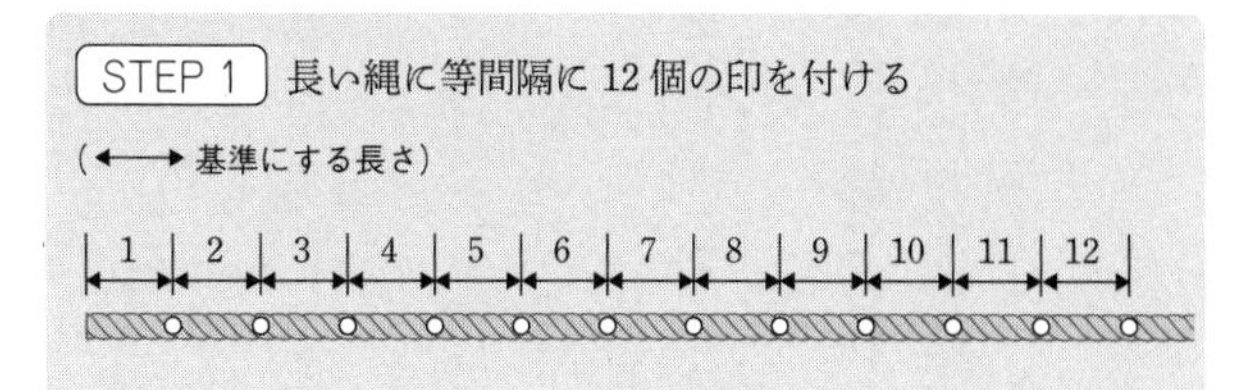

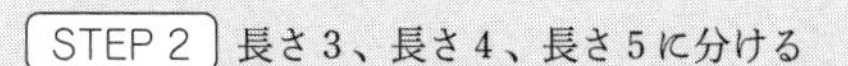

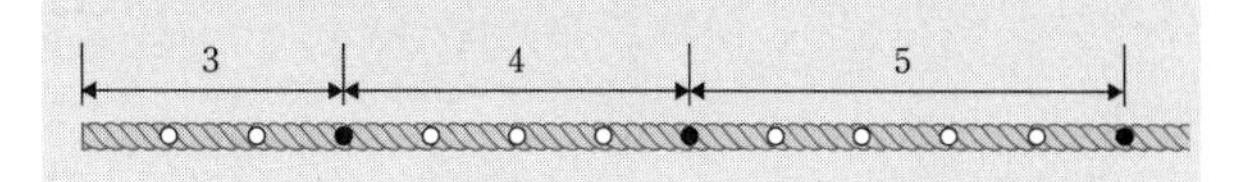

STEP 3　縄の端を結び、長さ3、長さ4、長さ5の箇所を持ち、縄をピンと張る

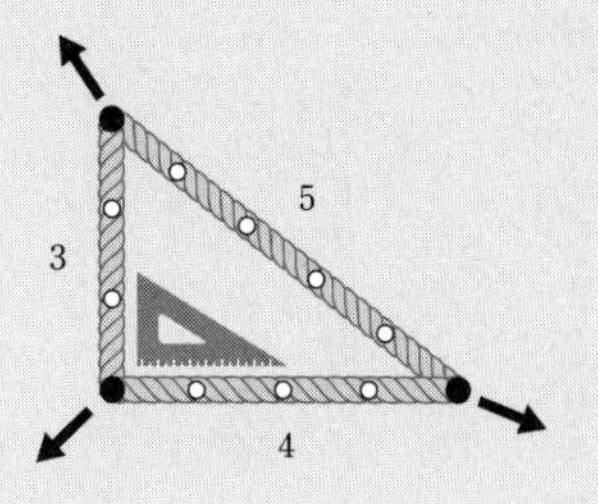

縄張師とよばれる人たちは、三辺の長さが「3、4、5」の三角形が直角三角形になることを知っていたのです。もちろん、この方法は大地だけではなく、ノートの上でも使うことができます。ぜひ、ノートの上でひもを使って、古代の人たちの知恵と技を試してください。

実はここに直角三角形の大きな秘密が潜んでいることが、一人のギリシャ人によって解明されることになりました。

そのギリシャ人とはいったい誰なのでしょう？　そして、そのギリシャ人が解き明かした秘密とは何なのでしょう？　続いては、それらの疑問に迫ります。

直角に魅せられたピタゴラス

直角三角形の謎を解き明かしたのは、古代ギリシャの数学者ピタゴラスです。

ピタゴラスは、直角三角形の三辺の長さの間に成り立つ「関係」を見つけ、それがすべての直角三角形について成り立つことを証明しました。「関係」とは次の通りです。

◆**直角三角形の三辺の長さの間に成り立つ関係**

（縦の長さ）^{2} ＋（横の長さ）^{2} ＝（斜めの長さ）^{2}

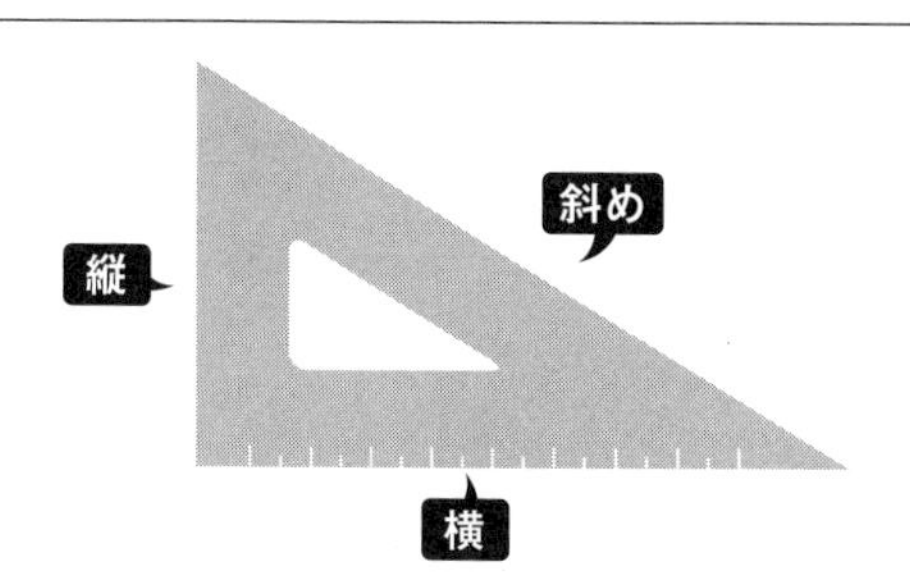

縦の長さの二乗＋横の長さの二乗＝斜めの長さの二乗

この関係は、正方形の面積の関係を使って説明できます。ピタゴラスも、床にしかれた正方形の枠を眺めていて、正方形の面積の関係に目が向き、直角三角形の謎に気づいたといわれています。

次頁の図を見てください。直角二等辺三角形①の周りにできた正方形②が二つと正方形③があります。

正方形②二個分の面積は、正方形③の面積と等しいことがわかりますね。これを式に表すと、「正方形②＋正方形②＝正方形③」となります。

◆ピタゴラスの発見

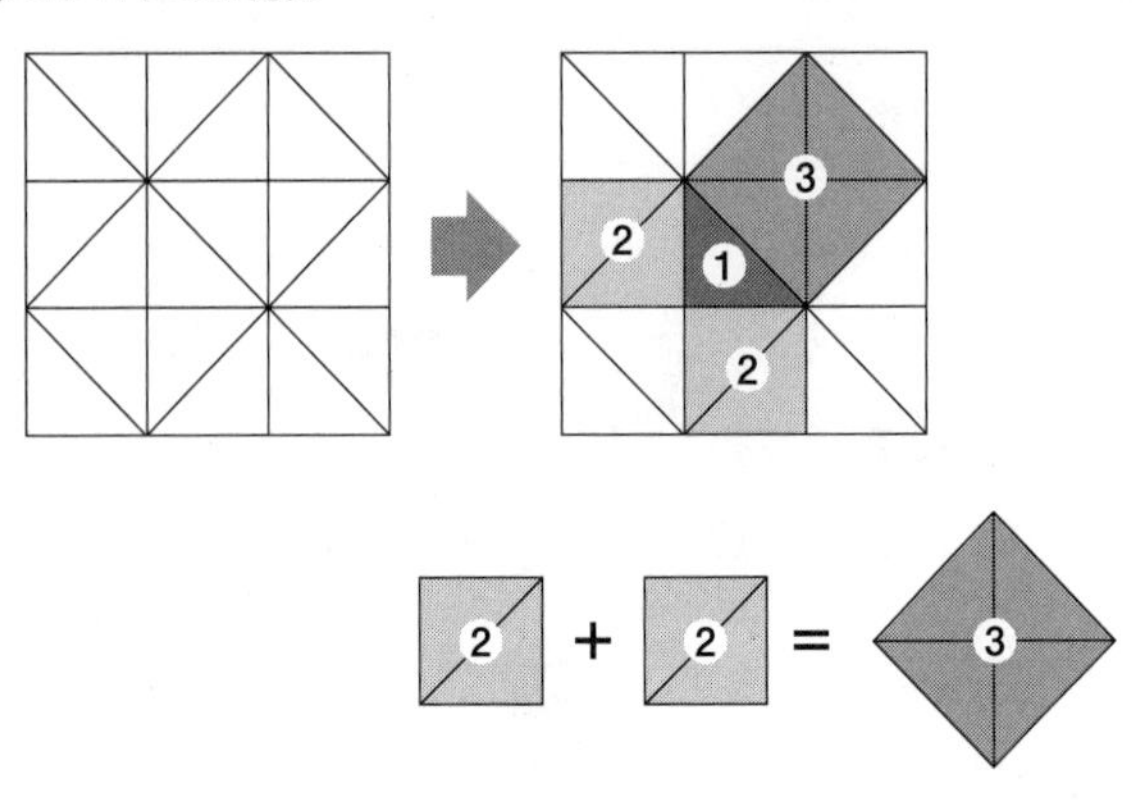

正方形②の辺の長さは「直角二等辺三角形①の縦（または横）の長さ」に、正方形③の辺の長さは「直角二等辺三角形の斜めの長さ」に等しいことに注目してください。

そうすると「正方形②＋正方形②＝正方形③」という式は、「縦の長さの二乗＋横の長さの二乗＝斜めの長さの二乗」に書き換えることができるというわけです。

ピタゴラスは、どんな直角三角形でも三辺にはこの関係が成り立つこと、さらに、三辺の間にこの関係が成り立てば、その三角形は必ず直角三角形になることも明らかにしました。

ピタゴラスが解き明かした直角三角形の

◆ピタゴラスの定理（三平方の定理）

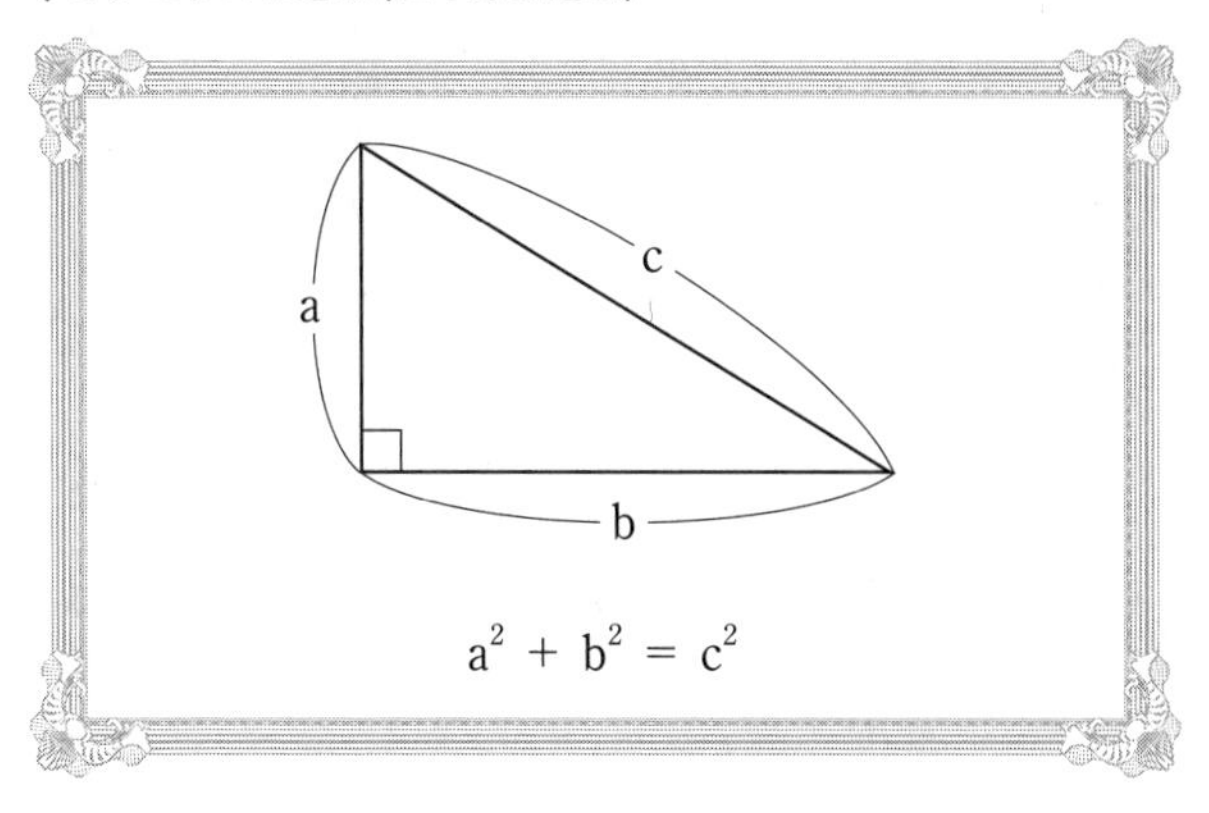

三辺の長さの間に成り立つ関係を、「ピタゴラスの定理」といいます。

同じ数を二度かけ合わせる「二乗」を「平方」ともいうので、ピタゴラスの定理は「三平方の定理」ともよばれています。

人間は古代から「直角」に魅せられ、「いかにきれいな直角を生み出すか」を考えてきました。

先人の苦労と知恵の結晶、それが「直角」という美しい角度なのです。

車のナンバーで倍数判定

2520は何の倍数？

ある親子がドライブをしています。
お父さんは、倍数をテーマにしたクイズを息子に出題しました。

パパ「クイズを出すよ。前を走っている車のナンバープレートを見てごらん。カーナンバー25－20を四桁の数としよう。2520は何の倍数かな」

息子「『10の倍数』だよ、だって一の位が0だから」

パパ「正解！　それ以外に倍数はないのかな」

息子「10で割り切れるということは、『2』でも『5』でも割り切れるはずだから、『2の倍数』と『5の倍数』にもなっているね」

パパ「またまた正解！ それ以外に倍数はないかな」
息子「ん〜、あとは割り算してみないとすぐにはわからないよ」

「ある数○」が「ある数△」で割り切れるとき、「○は△の倍数」といいます。例えば「6」は「2」で割り切れるので「6は2の倍数」です。さらに「6」は「3」でも割り切れるので「3の倍数」でもあります。

実はパパは前を走っている車のナンバー2520を見て、あっという間に「2の倍数」「3の倍数」「4の倍数」「5の倍数」「6の倍数」「7の倍数」「8の倍数」「9の倍数」、そして「10の倍数」であることがわかりました。その上で、息子にクイズを出題したのです。

パパは運転中ですから、紙や電卓を使って計算はできません。それでも倍数を見分けるうまい方法をパパは知っています。そこにはどのような秘密があるのでしょうか――。

まずは、簡単な倍数判定法からみていきます。

◆倍数判定法

倍数	判定法
2の倍数	一の位が 2 の倍数
3の倍数	各位の和が 3 の倍数
4の倍数	下二桁が 4 の倍数
5の倍数	一の位が 0 か 5
6の倍数	一の位が 2 の倍数で、各位の和が 3 の倍数
10の倍数	一の位が 0

早速、2520で確かめてみましょう。

上の表をご覧ください。

一の位だけで判定できるのは「2の倍数」「5の倍数」、そして「10の倍数」です。

「一の位が2の倍数」(0、2、4、6、8)ならば、その数は「2の倍数」です。

「0か5ならば5の倍数」です。「0ならば10の倍数」です。

たしかに2520は「2」「5」「10」で割り切れますね(2520÷2=1260、2520÷5=504、2520÷10=252)。

「下二桁が4の倍数」なら「4の倍数」です。2520の下二桁「20」は「4の倍数」なので、2520は「4の倍数」で

◆数の国へのナンバープレート

数の国 314
25-20

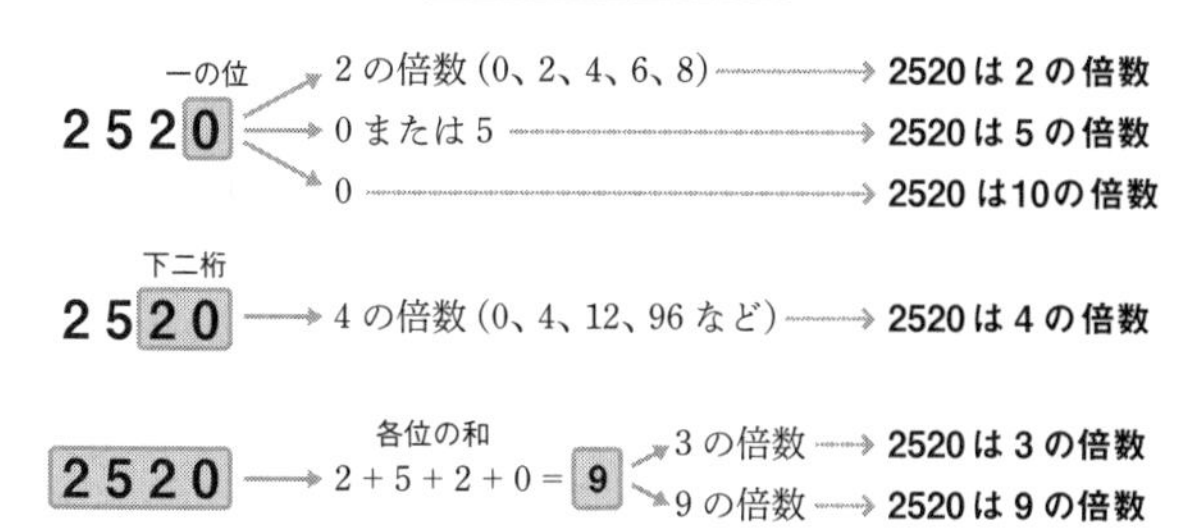

す。たしかに2520÷4=630となります。

「各位の和が3の倍数」ならば、「3の倍数」です。2520の場合、各位の和とは「2+5+2+0=9」のことです。「9」は「3の倍数」なので、2520は「3の倍数」です。2520÷3=840ですね。

また、「一の位が2の倍数」で「各位の和が3の倍数」ですから、「6の倍数」だとわかります。つまり、「6の倍数」とは「2の倍数と3の倍数の両方」であるということです。

これまでの計算でどちらも確かめているので、2520は「6の倍数」でもあることが明らかになりました。計算してみると、たしかに2520÷6=420となります。

各位の和が9の倍数……

また、カーナンバー2520は「9の倍数」だと、パパは運転しながらすぐにわかりました。続いては「9の倍数」の判定法を紹介します。

「9の倍数」を書き出してみます。

9、18、27、36、45、54、63、72、81……。すると面白いことに、各位の和はすべて「9の倍数」であることに気づきます。

18→1+8=9、27→2+7=9、36→3+6=9、
45→4+5=9、54→5+4=9、63→6+3=9、
72→7+2=9、81→8+1=9

つまり、18から81まで十の位と一の位の和9は、すべて「9の倍数」です。三桁以上の数でも確かめてみましょう。

例えば594、954、1134、1242は9の倍数です。各位の和は、594→5＋9＋4＝18（9の倍数）、954→9＋5＋4＝18（9の倍数）、1134→1＋1＋3＋4＝9（9の倍数）、1242→1＋2＋4＋2＝9（9の倍数）のように、たしかに「9の倍数」となっています。

各数を「9」で割ってみると、ちゃんと割り切れますね（594÷9＝66、954÷9＝106、1134÷9＝126、1242÷9＝138）。

ちなみに、これらはすべてAMラジオの周波数です。AMラジオの周波数には「間隔が9キロヘルツ」というルールがあります。それに加えて始まりの周波数が「9の倍数」であることから、すべての周波数が「9の倍数」になるのです。

こうしてカーナンバー25-20（2520）を見たパパは、「2＋5＋2＋0＝9が9の倍数」なので、2520は「9の倍数」だとすぐにわかったのでした。

8の倍数は下三桁だけを判定

続いては、「8の倍数」の判定法をご紹介します。

かけ算の「九九」の八の段によって、「16、24、32、40、48、56、64、72」が

◆「８の倍数」判定法（三桁の場合）

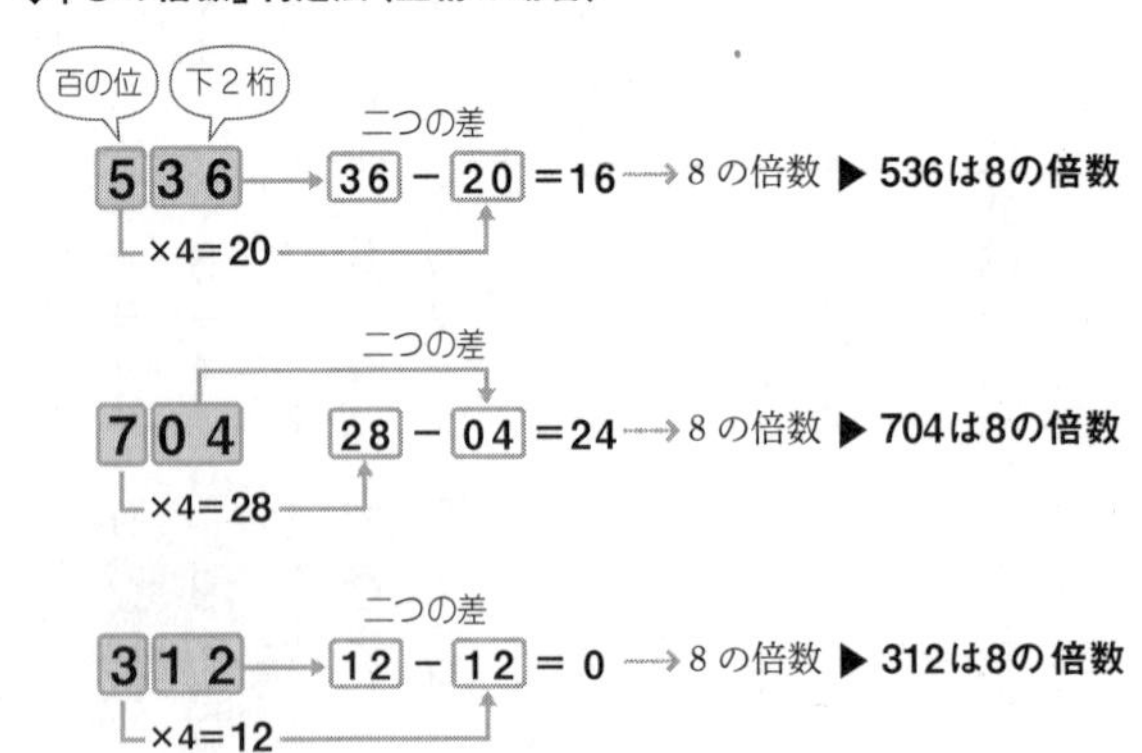

「8の倍数」であることはわかりますね。
次の80、88も「8の倍数」と理解することは簡単です。その次の「8の倍数」は「96」。二桁ですぐにわからないのは「96」だけです。

さて、問題は三桁の数ですが、次のような方法で判定することができます。まず百の位と下二桁に分けます。百の位を四倍した値と下二桁を比べ、大きいほうから小さいほうを引きます。この差が「8の倍数」ならば、もとの三桁の数は「8の倍数」なのです。

もし、百の位を四倍した値と下二桁が等しいならば、その差は0となり、0は「8の倍数」（0は8で割り切れるから）なの

◆「8の倍数」判定法（四桁以上の場合）

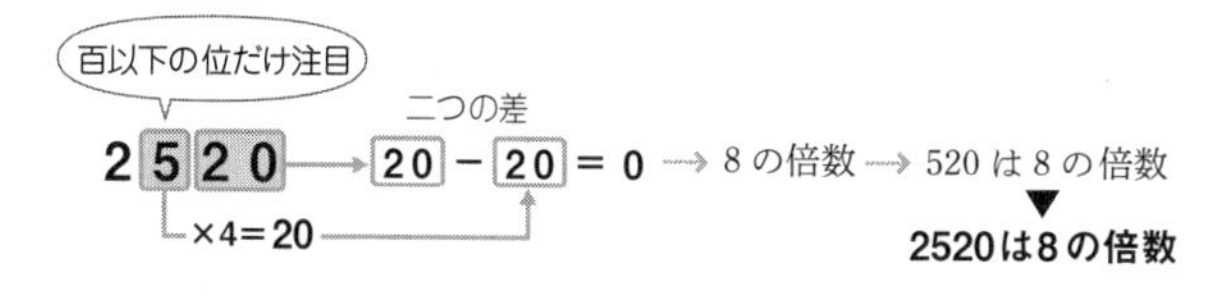

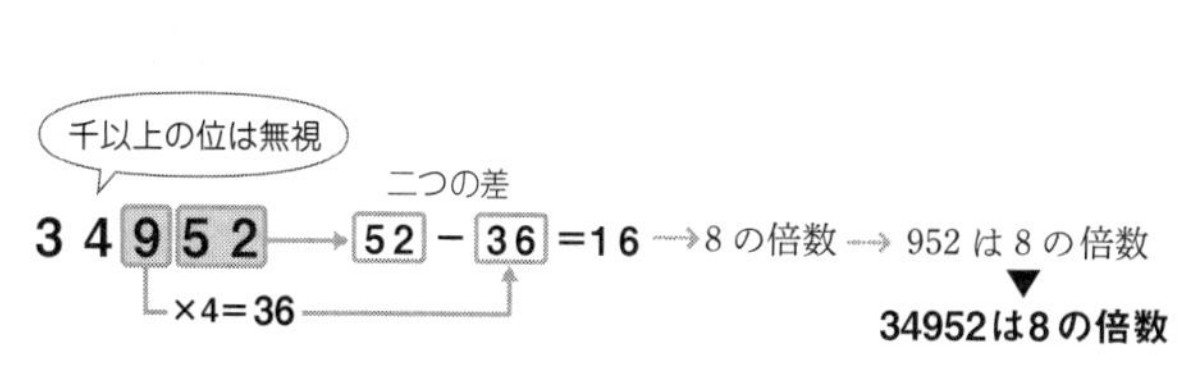

で、もとの三桁の数も「8の倍数」です。

面白いことに四桁以上の場合でも、千以上の桁は無視して下三桁だけを判定すればいいのです。それは、1000が「8の倍数」（1000÷8＝125）だからです。

この見分け方を使えば「2520」が「8の倍数」かどうかもすぐにわかります。下三桁の520だけに注目すると、百の位5を四倍した「20」と下二桁「20」の差は0です。0は「8の倍数」なので、520は「8の倍数」となり、2520も「8の倍数」とわかるのです。

7の倍数に迫る（三桁まで）

これまで2、3、4、5、6、8、9、

◆「7の倍数」判定法（三桁の場合）

二桁の7の倍数を覚えておく
14、21、28、35、42、49、56、63（九九の七の段）
70、77、84、91、98（特に最後の三つを覚える）

（百の位）×2＋（下二桁）

2 5 9 　 4 ＋ 59 ＝63 → 7の倍数 ▶ 259は7の倍数
×2＝4

（百の位）×2＋（下二桁）　三桁になったらもう一度

8 9 6 　 16 ＋ 96 ＝ 1 1 2 　 2 ＋ 12 ＝14 → 7の倍数
×2＝16　×2＝2
▼
896は7の倍数

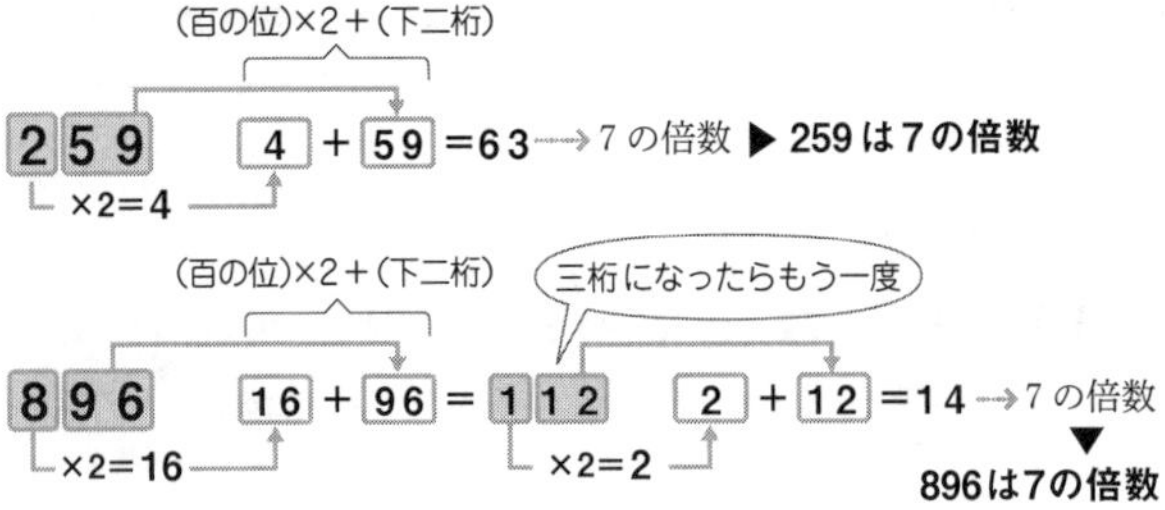

10の倍数の判定法をみてきました。大きな数でも一桁ないし二桁の数に変換することで、判定しやすくなることがおわかりだと思います。

それでは、一番の曲者（くせもの）、「7の倍数」の判定法です。

まずは、三桁の数の場合――。

三桁の数の判定をするためには、二桁の「7の倍数」を覚えておきましょう。

14、21、28、35、42、49、56、63（ここまでは九九の七の段）

70、77、84、91、98（とくに最後の三つを覚える）

「(百の位を二倍)＋(下二桁)が7の倍数」なら、三桁の数は「7の倍数」となります。例えば259を調べましょう。

259→2×2＋59＝63→7の倍数→259は7の倍数（259÷7＝37）

三桁の数の中には、(百の位を二倍)＋(下二桁)が三桁の数になる場合があります。その場合には、もう一度この判定法を使って桁数を小さくします。

896→8×2＋96＝112→1×2＋12＝14→112は7の倍数→896は7の倍数（896÷7＝128）

7の倍数に迫る(四桁〜五桁)

三桁の「7の倍数」の判定法は、(百の位を二倍)＋(下二桁)が「7の倍数」かどうかを調べればよいことが明らかになりました。

この方法は、四桁と五桁の数にも応用できます。

四桁、五桁の数の場合は(百以上の位を二倍)＋(下二桁)が「7の倍数」ならば、もとの数が「7の倍数」だとわかります。

◆「7の倍数」判定法（四桁〜五桁の場合）

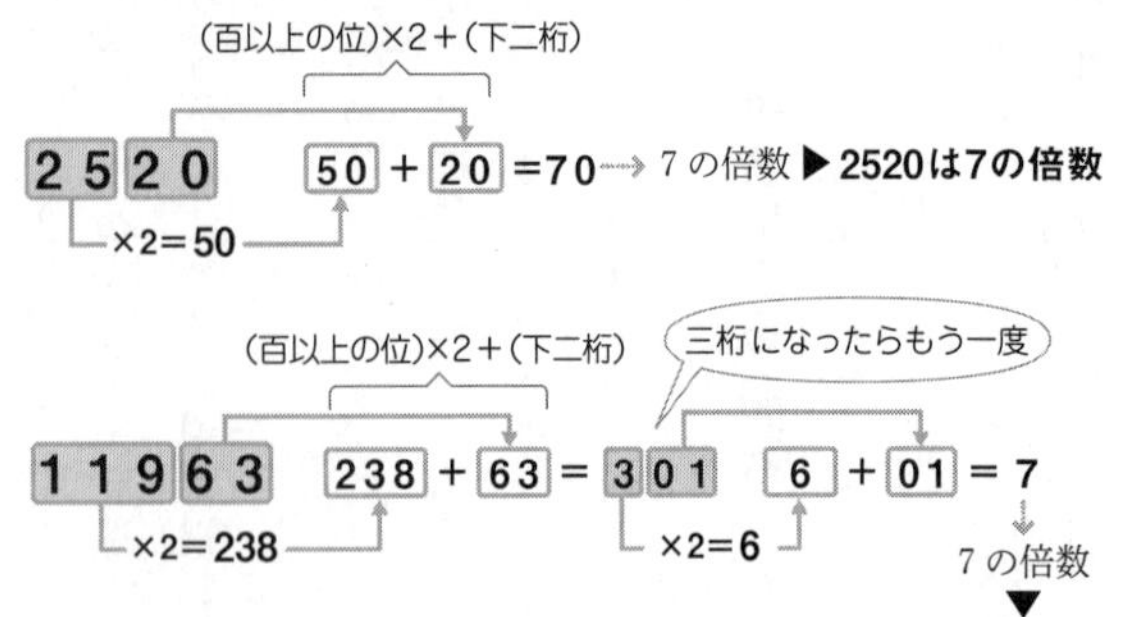

2520を調べてみましょう。

2520→25×2＋20＝70→7の倍数→2520は7の倍数（2520÷7＝360）

四桁以上の場合、（百以上の位を二倍）＋（下二桁）の値が三桁になる場合があります。その場合にはもう一度この判定法を使います。

11963→119×2＋63＝301→3×2＋01＝7→301は7の倍数→11963は7の倍数（11963÷7＝1709）

7の倍数に迫る（六桁以上）

六桁以上の「7の倍数」判定法は、「三桁ごとに交互に足したり引いたりした和が7の倍数」ならば、もとの数は「7の倍数」となります。

そのため、三桁ごとに交互に足したり引いたりした和が「7の倍数」かどうかを判定します。

判定する方法は今までと同様に、「(百の位を二倍）＋（下二桁）が7の倍数」ならば7の倍数です。

実際にみてみましょう。

例えば186823という六桁の数の場合。186と823に分けて、186は引いて、823は足します。その結果の637が「7の倍数」かどうかを調べます。

6×2＋37＝49が7の倍数になるので637は「7の倍数」とわかり、186823は「7の倍数」と判定されます。

続いては、七桁の2539880の場合。2と539と880に分けて、2－539＋880を計算した343が「7の倍数」かどうかを調べます。3×2＋43＝

◆「7の倍数」判定法（六桁以上の場合）

186,823
$= -186 + 823 = 637$　$637 \rightarrow 63\times2=12$（×2=12）$12 + 37 = 49$ → 7の倍数 → 637は7の倍数
▼
186,823は7の倍数

2,539,880
$= 2 - 539 + 880 = 343$　$34\times2=6$（×2=6）$6 + 43 = 49$ → 7の倍数 → 343は7の倍数
▼
2,539,880は7の倍数

6,658,425,627
$= -6 + 658 - 425 + 627 = 854$　$8\times2=16$（×2=16）$16 + 54 = 70$ → 7の倍数
↓
854は7の倍数
▼
6,658,425,627は7の倍数

49が「7の倍数」になるので、2539880は「7の倍数」と判定されました。

それでは、一〇桁の6658425627の場合はどうでしょう。6と658と425と627に分けて、－6＋658－425＋627を計算した854が「7の倍数」かどうかを調べます。

8×2＋54＝70が「7の倍数」になるので、6658425627は「7の倍数」だと判定されます。

このように「7の倍数」は、どんなに桁数が大きくなったとしても三桁の判定をすればいいことになるのです。

◆至るところで倍数判定

138 ▶ 一の位が 2 の倍数 ▶138 は 2 の倍数

138 ▶ 各位の和 1＋3＋8＝12 が 3 の倍数 ▶138 は 3 の倍数

138 ▶ 一の位が 2 の倍数で各位の和が 3 の倍数 ▶138 は 6 の倍数

2012
calendar

2012 ▶ 下二桁 12 は 4 の倍数 ▶2012 は 4 の倍数

倍数当てクイズに挑戦

これで、ようやく「2」から「10」までの倍数判定法をすべて紹介しました。

それでは締めくくりに読者の皆さん自身で、倍数当てクイズにチャレンジしてください。

例えば、上図のようなスーパーマーケットのチラシやカレンダーの数字からも、倍数を見つけて遊ぶことができます。

身近に見つけた数字で、今回紹介した倍数判定法を試してみてください。

Q.

2から10までの倍数判定法を試してみましょう。

①695は「5の倍数」ですか？
②932は「4の倍数」ですか？
③801は「3の倍数」ですか？
④822は「6の倍数」ですか？
⑤873は「9の倍数」ですか？
⑥9184は「8の倍数」ですか？
⑦413は「7の倍数」ですか？

A.

①「5の倍数」は、一の位が0か5 ⬇ 695は「5の倍数」です。
②「4の倍数」は、下二桁が「4の倍数」 ⬇ 932の下二桁である32は「4の倍数」。つまり、932は「4の倍数」となります。

③「3の倍数」は、各位の和が「3の倍数」➡８０１は8＋0＋1＝9となり、「3の倍数」なので、８０１は「3の倍数」となります。

④「6の倍数」は、一の位が「2の倍数」かつ各位の和が「3の倍数」➡８２
2は一の位が2なので「2の倍数」です。また、8＋2＋2＝12となり、「3の倍数」なので、８２２は「3の倍数」です。したがって、８２２は「6の倍数」となります。

⑤「9の倍数」は、各位の和が「9の倍数」➡８７３は8＋7＋3＝18となり、「9の倍数」なので、８７３は「9の倍数」となります。

⑥四桁の「8の倍数」は、百の位の四倍と下二桁の差が「8の倍数」➡９１８
4は下三桁１８４に注目して、１×４＝４と下二桁「84」の差は84－4＝80、これは「8の倍数」なので、９１８４は「8の倍数」となります。

⑦三桁の「7の倍数」は、百の位の二倍と下二桁の和が「7の倍数」➡４１
3は4×2＋13＝21、これは「7の倍数」なので、４１３は「7の倍数」です。

これから数と出会ったときには、倍数判定法を思い出して何の倍数かを判定してみてください。

「ざっくり計算」で効率アップ！

懐かしい法則で頭の体操

「相似則（そうじそく）」と「指数法則」——。学校で勉強したこの二つの法則を、なんとなく覚えている人も多いと思います。この二つの法則を使った数学クイズに挑戦してみましょう。

「相似則」とは、「面積は長さの二乗に、体積は長さの三乗に比例する」という法則です。

「指数法則」とは、指数のかけ算は足し算として、割り算は引き算として計算できる、なんとも便利な法則です。

Q. それでは、「相似則」のクイズです。
会社の健康診断で太りすぎを注意されたAさん（身長一六〇センチ、体重七五キログラム）。Aさんは、同僚Bさんの中肉中背の体型（身長一七五センチ、体重七〇キログラム）を見習いたいと思い、Bさんのような体型を目指すことにしました。Aさんは目標体重を何キログラムに設定すればいいのでしょうか。

ポイント

▼体型と筋肉質が似ている相手を選び、「相似則」を利用する！
▼身長の比＝長さの比
▼体積比は、長さの比（相似比）の三乗

理想の体型は「相似」で探す

計算方法はいたってシンプルです。しかし、その計算を意味あるものにするため

◆ちょっと太り気味のAさん（身長160cm、体重75kg）

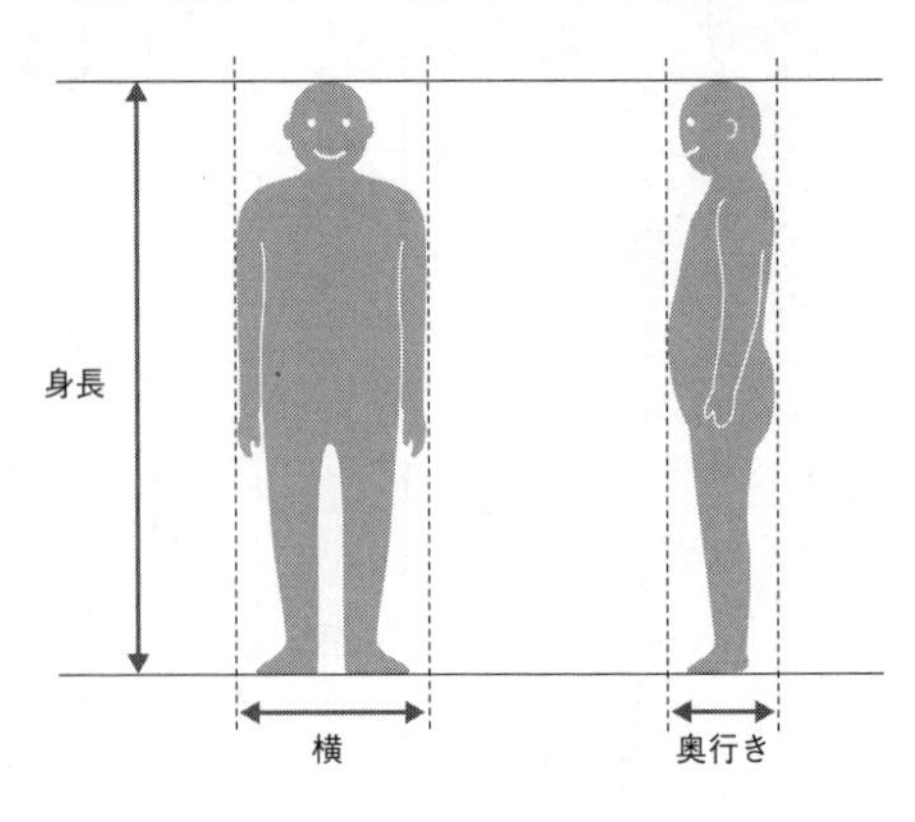

には準備が必要です。まず、ちょっと太り気味のAさんが探さなければならないのは「理想とする人」です。

身体のバランスは複雑です。顔の大きさ、肩幅、腕の長さ、身長に対する脚の長さの比……など、たくさんのポイントがあります。ですから、Aさんは体重を減らしたときの体型に近いと想像される体型の持ち主を選ぶことが大切です。

そこで、同じような体型の二人を比較するためには身長比を調べます。つまり、体型が似ている二人とは、「身長比＝横の比＝奥行きの比」となると考えるわけです。

そして、体型の他にもう一つ、計算の前提になることがあります。それは、体重と体積の比（身体密度）です。人間の場合、比重は体脂肪よりも筋肉のほうが大きいのです。つまり、筋肉質の人はそうでない人より身体密度が大きい。その意味で、やはりAさんは筋肉の付き具合もだいたい同じような人を目標とすることになります。

以上、「体型」と「筋肉質の具合」の二つの点に注意して理想の人を見つけてはじめて相似比から体積比、すなわち体重比の計算が意味をもつことになります。

Aさんが理想とするBさんの体型は、身長一七五センチ、体重七〇キログラムでした。まず、身長から長さの比（相似比）を求めると、一六〇÷一七五＝約〇・九一四となります。するとその三乗が体積比（＝体重比）となります。

計算すると〇・九一四の三乗は、〇・九一四×〇・九一四×〇・九一四＝約〇・七六四となりますね。

したがって、身長一六〇センチのAさんが、身長一七五センチのBさんと体型が相似になる体重は、七五キログラム×〇・七六四＝五七・三キログラムとわかります。

◆ＢＭＩ指数の求め方

ＢＭＩ指数＝体重（kg）÷｛身長（m）×身長（m）｝

Bさんの BMI 値

＝ 70 ÷（1.75 × 1.75）≒ 22.9

Aさんの BMI 値

（ダイエット前）＝ 75 ÷（1.6 × 1.6）≒ 29.3

（ダイエット後）＝ 57.3 ÷（1.6 × 1.6）≒ 22.4

ほとんど同じ BMI 値になった！

◆相似則から減量目標を設定すると……

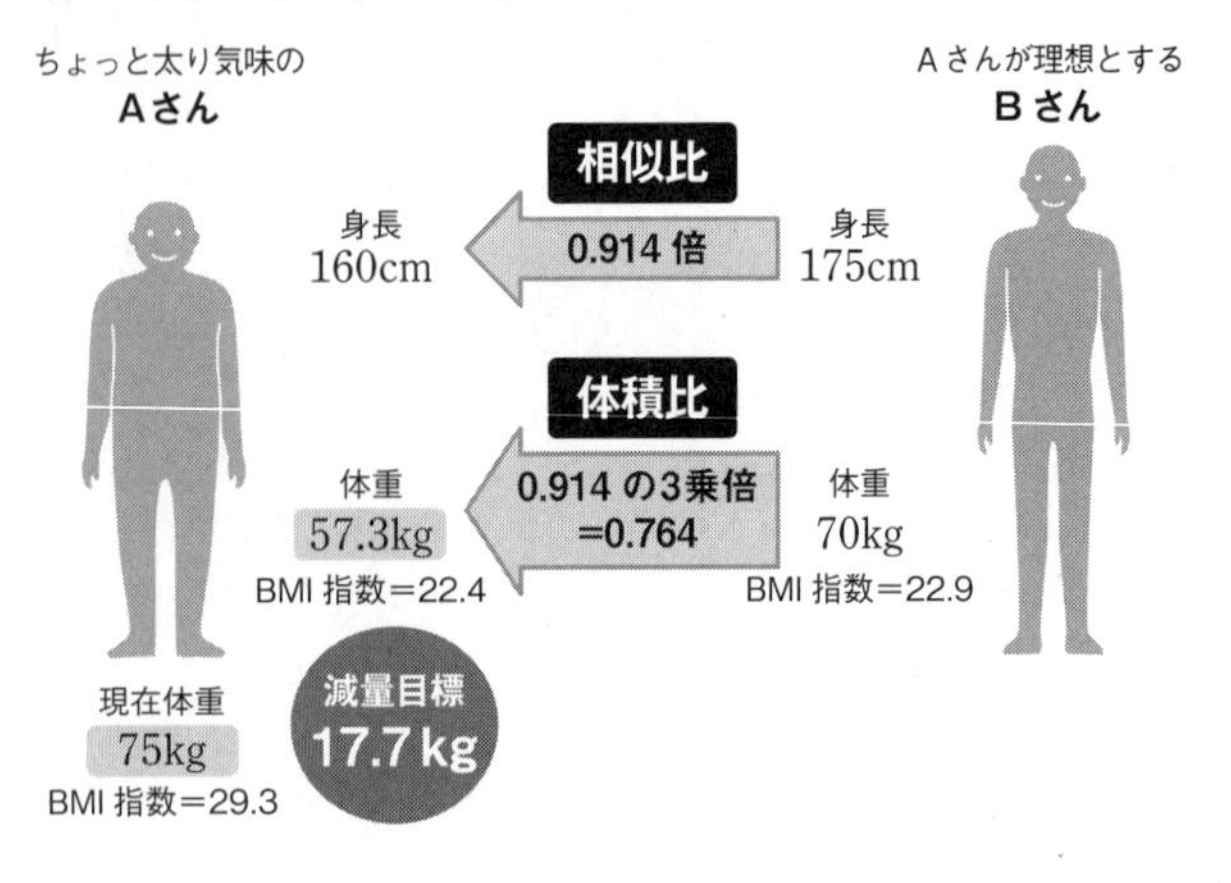

この計算で求めたAさんの理想体重が、本当にBさんの体型と相似なのかどうかを確認してみましょう。それには、肥満度の指数であるBMI指数（ボディマス指数）を使います。BMI指数は、体重を身長（メートル）の二乗で割って求めることができます。あわせて計算してみましょう。

理想の体型とするBさんのBMI指数は、七〇÷（一・七五×一・七五）＝約二二・九。それに対して、ダイエット前のAさんのBMI指数は、七五÷（一・六×一・六）＝約二九・三。

理想とするBさんと相似になる五七・三キログラムに減量したときには、五七・三÷（一・六×一・六）＝約二二・四となります。

たしかに理想とするBさんのBMI指数に近い値になっていることが確かめられます。

ダイエットはつい「体重」だけに目が行ってしまいますが、身長という「長さの比」や「身体密度」という筋肉の付き具合に注目してこそ、バランスのとれた健康的な体型になれるのですね。

そして、そのお手伝いをするのが「相似則」という数学の法則なのです。

続いては、「指数法則」のクイズです。

Q. ある会社に二つの商談が持ち込まれました。あなたはどちらの商談と契約するかを、すぐに決断せねばなりません。次の商談Aと商談Bではどちらが粗利益が大きいかを素早く判断してください。

商談A

仕入れ値：67円

売値：160円

個数：9億個

コスト：80%

商談B

仕入れ値：890円

売値：1,980円

個数：1,100万個

コスト：50%

ポイント

▼きりのいい数にする！

⇩四捨五入、切り上げ、切り下げを使う

▼単位の換算に注目！
⇩〝一億（一〇の八乗、億は〇が八個）はオクターブ（八音）、オクトパス（タコの足は八本）の八〟と覚える
▼指数法則を使う！

「ざっくり計算」のススメ

二つの商談の粗利益をそれぞれ計算します。粗利益は、売値から仕入れ値を引いた値（この分が会社の利益ですね）に個数とコスト計算（1－コスト）をかけて求めます。

しかし、実際の現場で素早く判断を下すには、電卓を取り出して計算する余裕はありません。素早く判断するには「どちらが粗利益が大きいか」がわかればよいのであって、「正確な計算」は必要ないのです。こんな決断をぱっとできるカギとなるのが「ざっくり計算」です。

では、「ざっくり計算」のコツを見てみましょう。

商談Aの粗利益について考えます。まず、「売値－仕入れ値（160－67）」を「100」と見積もり、さらにそれを「10^2」とします。「個数9億」を「10億」として「10×10^8」とします。「1－コスト（1－0.8）」は「0.2」ですね。

さて、ここで指数法則の登場です。

「ざっくり計算」による粗利益は「$10^2\times10\times10^8\times0.2=10\times10^{2+8}\times0.2=2\times10^{10}$（円）」となりました。

次に商談Bの計算です。同様に、まず「売値－仕入れ値（1980－890）」を「1000」と見積もり、さらにそれを「10^3」とします。「個数1100万」を「0.1億」として「0.1×10^8」、さらにそれを「$0.1\times10^8=10^7$」とします。また「1－コスト（1－0.5）」は「0.5」ですね。

ざっくり計算による粗利益は「$10^3\times10^7\times0.5=0.5\times10^{3+7}=5\times10^9$（円）」となりました。

商談Aと商談Bの比較

商談Aの粗利益の指数部分は「10」、商談Bの粗利益の指数部分は「9」。商談A

◆粗利益の求め方

粗利益 ＝（売値－仕入れ値）× 個数 ×（1－コスト）

◆指数法則

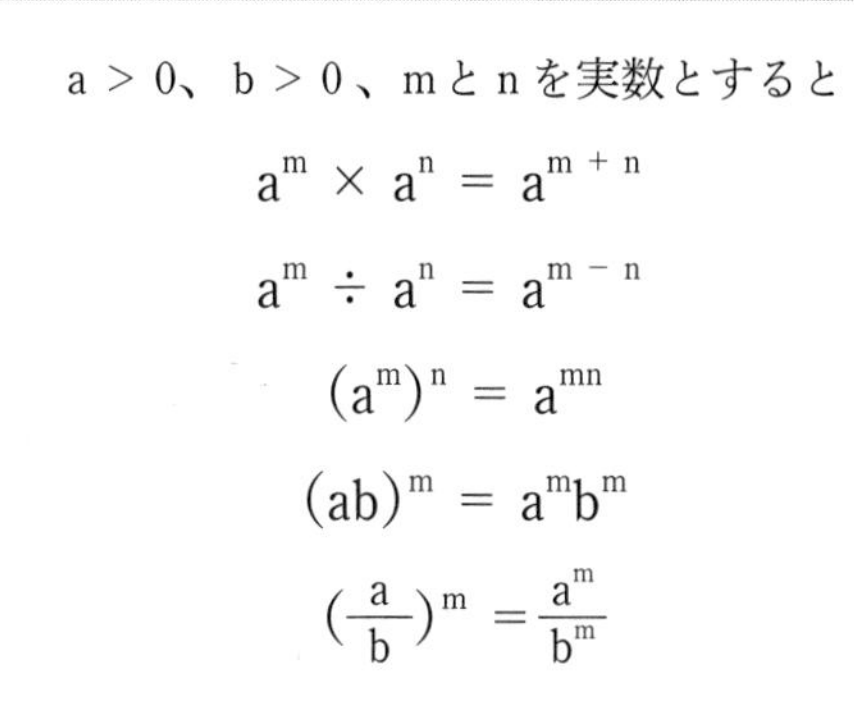

a > 0、b > 0、m と n を実数とすると

$$a^m \times a^n = a^{m+n}$$

$$a^m \div a^n = a^{m-n}$$

$$(a^m)^n = a^{mn}$$

$$(ab)^m = a^m b^m$$

$$\left(\frac{a}{b}\right)^m = \frac{a^m}{b^m}$$

（a や b を底、m や n を指数という）

のほうが指数が大きいので、大きい数だといえます。したがって、「ざっくり計算」によって「商談Aの粗利益のほうが大きい」ということがわかりました。

それでは、「ざっくり計算」と「正確な計算」の数値を比較してみましょう。次頁の図をご覧ください。大体の数字は合っていることがわかりますね。

このように、煩雑な計算を回避するために、「きりのいい数」「単位の換算」「指数」を使うのは有効な手段です。

「いかにきりのいい数に直すか」「単位の換算を知っていて、しかも慣れているか」「いかに指数法則を使いこなすか」といった「計算ワザ」が必要になります。これは現場で実践してこそはじめて身につくものです。

普段の買い物でも、「グラムあたりではどちらのほうがお得か」なんて計算をしながら商品を吟味するのもいいでしょう。

「ざっくり計算」をどんどん試してみて、後からそれを評価し直すという経験を積んでみましょう。きっと「判断力」がアップして、学校、職場、家庭でも頼もしい存在になれることでしょう。

◆ざっくり計算と正確な計算を比較してみると……

商談A

（正確な計算）　$= (160 - 67) \times 900{,}000{,}000 \times (1 - 0.8)$

$= 93 \times 900{,}000{,}000 \times 0.2$

$= 16{,}740{,}000{,}000$（円）

$= 1.674 \times 10^{10}$（円）

（ざっくり計算）　$=10^2 \times 10 \times 10^8 \times 0.2$

$= 10 \times 10^{2+8} \times 0.2$

$= 2 \times 10^{10}$（円）

ほぼ同じ！

商談B

（正確な計算）　$= (1{,}980 - 890) \times 11{,}000{,}000 \times (1 - 0.5)$

$= 1{,}090 \times 11{,}000{,}000 \times 0.5$

$= 5{,}995{,}000{,}000$（円）

$= 5.995 \times 10^9$（円）

（ざっくり計算）　$=10^3 \times 10^7 \times 0.5$

$= 0.5 \times 10^{3+7}$

$= 5 \times 10^9$（円）

ほぼ同じ！

Part Ⅲ

しびれるくらいに美しい数学

ピラミッド計算は美しい

一一～一九までの二乗の計算

小学校で習った九九は、一～九の段までしかありませんでした。

二桁同士のかけ算を、もっと簡単に素早く、そして正確にできたら……と思ったことはありませんか？

そこで「11から19までの二乗」をさっと計算できる方法をご紹介します。

そして、この中には、面白い計算方法がいくつも含まれているのです。

ピラミッド計算

「11×11」は、「ピラミッド計算」を使います。

「ピラミッド計算」は次頁の下図をご覧いただくとわかるように、「1」だけでできている数を二乗するときの計算方法です。もう一度、図に注目してください。

◆11〜19までの二乗の計算

$11 \times 11 = 121$
$12 \times 12 = 144$
$13 \times 13 = 169$
$14 \times 14 = 196$
$15 \times 15 = 225$
$16 \times 16 = 256$
$17 \times 17 = 289$
$18 \times 18 = 324$
$19 \times 19 = 361$

◆ピラミッド計算

二乗の数が…

1桁	1×1	= **1**
2桁	11×11	= 1**2**1
3桁	111×111	= 12,**3**21
4桁	1,111×1,111	= 1,23**4**,321
5桁	11,111×11,111	= 123,4**5**4,321
6桁	111,111×111,111	= 12,345,**6**54,321
7桁	1,111,111×1,111,111	= 1,234,56**7**,654,321
8桁	11,111,111×11,111,111	= 123,456,7**8**7,654,321

答えを眺めていると、ある規則に気づきませんか？

そうです、「1」から順番に数字が大きくなり、桁数の数字が最大で、今度は順番に数字が小さくなっていき、最後は「1」で終わっているのです。なんとも美しいピラミッドが築かれていますね。

十の段同士のかけ算の方法

「一一から一九までの二乗」はすべて「十の段同士のかけ算の方法」で計算できます。

かける数、かけられる数の一の位をかけたときに、「くり上がりがある場合」と「ない場合」に分けて説明しますが、基本は同じ方法です。

まずは「くり上がりがない場合」です。「12×12」と「13×13」が、この場合に当てはまります。それでは「12×12」を例に説明しましょう。

答えの一の位は、「・12」と「・12」の一の位の積（2×2）の「4」です。

答えの十の位と百の位（答えの上二桁）は、「:12」ともう一方の「・12」の一の位の和（12＋2）の「14」です。

したがって、「12×12＝144」となります。

次に「くり上がりがある場合」です。「14×14」の場合で考えてみましょう。

答えの一の位は、「•14と•14」の一の位の積（4×4）の「16」の一の位「6」です。

答えの十の位と百の位（答えの上二桁）は、「••14」ともう一方の「•14」の一の位の和（14＋4）の「18」に、一の位の計算のくり上がり「1」を加え、「18＋1＝19」とします。

したがって、「14×14＝196」となります。

この方法は「15」以降の数はくり上がる数が大きくなってしまい、計算が少し面倒になります。もっと楽に計算できる方法はないのでしょうか。

指数を利用した計算方法

そこで、15以上の場合は「十の段同士のかけ算の方法」とは別の計算方法がおす

◆10の段同士のかけ算（くり上がりがない場合）

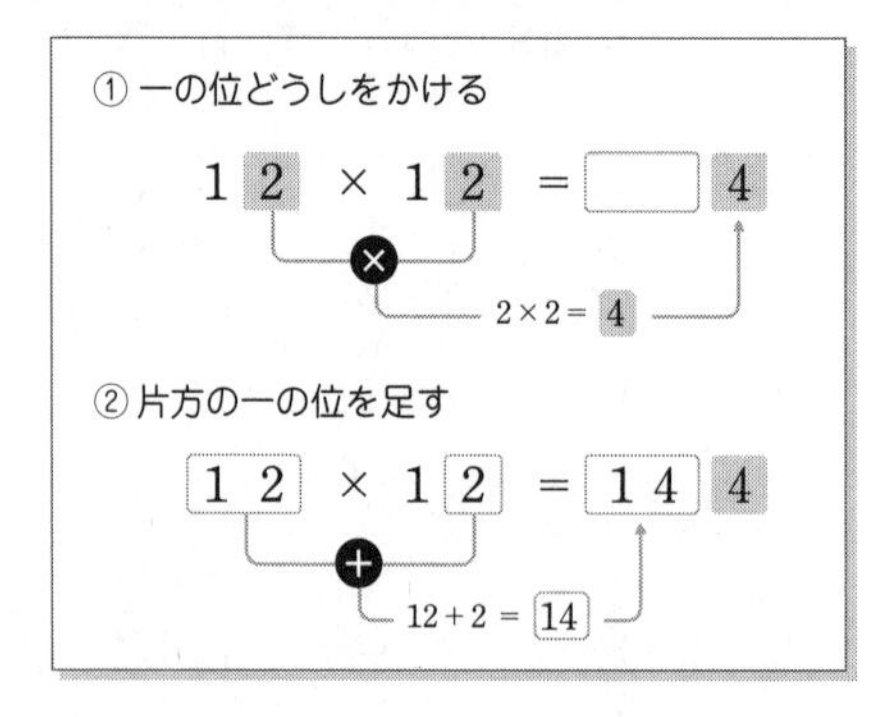

◆10の段同士のかけ算（くり上がりがある場合）

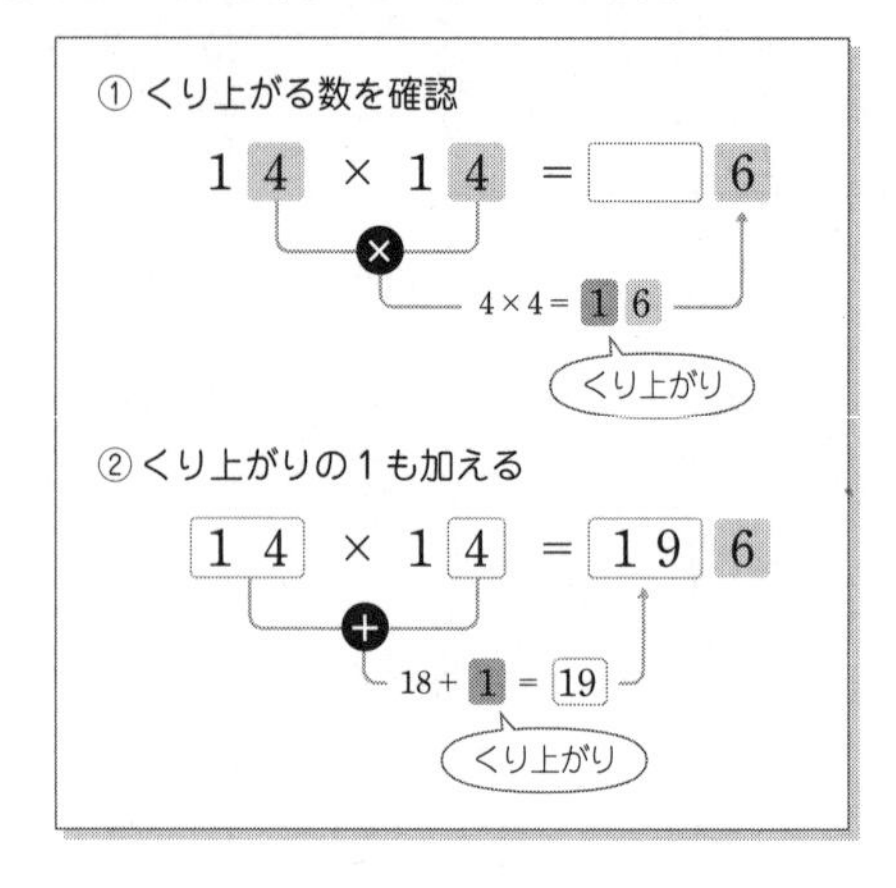

◆十の位が同じで一の位の和が10のかけ算の方法

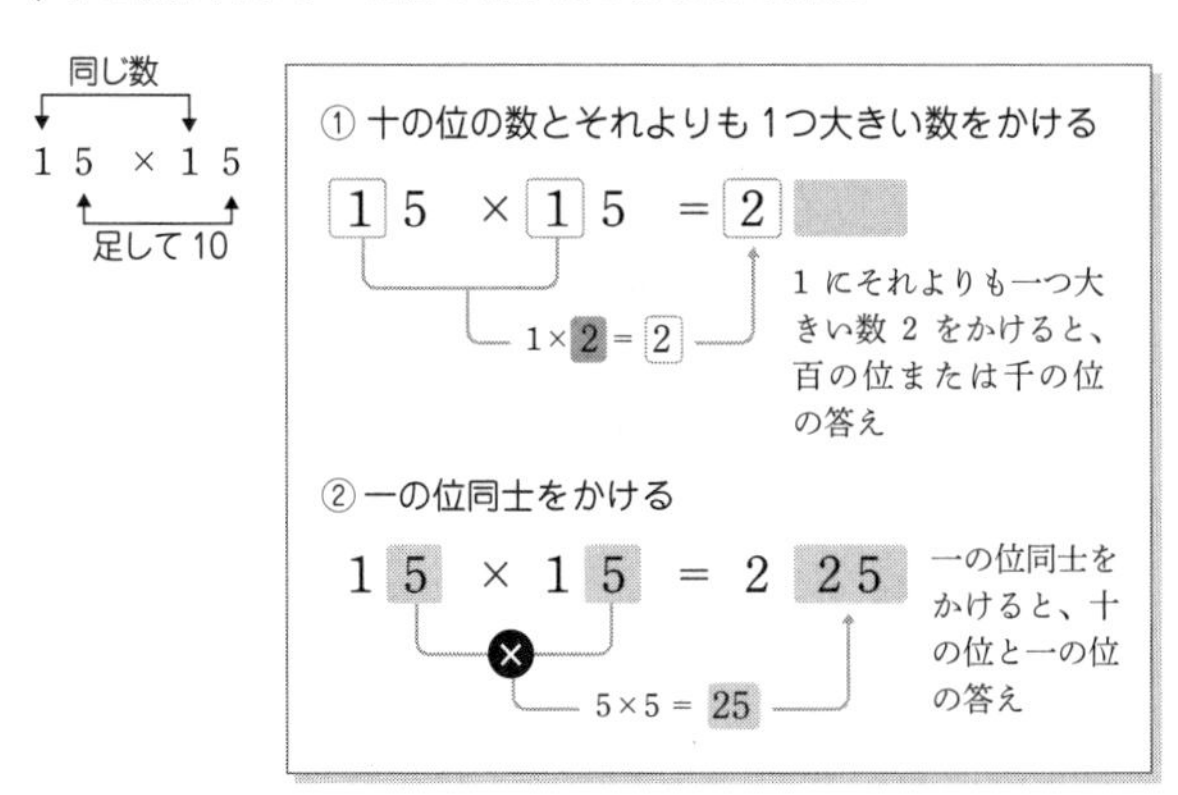

すめです。

「15×15」は「十の位が同じで一の位の和が一〇のかけ算の方法」、「16×16」は「指数を利用した計算方法」となります。

「十の位が同じで一の位の和が一〇のかけ算の方法」も、便利な方法です。十の位の数は「1」で同じ、そして一の位の数「5」と「5」は足して「10」なので、この方法が使えますね。

まず「十の位の数」と「十の位の数よりも1大きい数」をかけます。それが「百の位」または「千の位」の答えとなります。一の位同士をかけると、「十の位と一の位」の答えとなります。

「15×15」以外にも、「23×27」「61×69」

◆2のべき乗

2^0	1
2^1	2
2^2	4
2^3	8
2^4	16
2^5	32
2^6	64
2^7	128
2^8	256

などのように条件を満たせば、他のかけ算でも使えます。

「二の二乗を利用した計算方法」は指数法則を使って計算します（指数法則は一六九頁参照）。上表をご覧になるとわかるように、「16」は二の四乗なので、「16」の二乗は「$2^4 \times 2^4 = 2^{4+4} = 2^8$」となり、「２５６」だとわかります。

四倍法は面白い！

さて、残る「17×17」「18×18」「19×19」の三つの計算にも、面白い計算方法があります。

答えの一の位と十の位以上を分けて眺め

◆答えの一の位と十の位以上を分けて眺めてみると……

17	×	17	=	28	9
18	×	18	=	32	4
19	×	19	=	36	1

てみましょう。

答えの一の位はそれぞれ「7」「8」「9」を二乗した結果「・49」「・64」「・81」の一の位「9」「4」「1」になります。

それでは、上二桁に目を移してください。「28」「32」「36」となっています。

何か気がつきませんか？　そう、これらの数はそれぞれ「7」「8」「9」の四倍に等しいのです。

この計算方法を私は「四倍法」と名付けました。しかも、面白いことに「23×23」まで、くり上がりの計算なしに「四倍法」で計算できるのです。

こうして、「11から23までの二乗」の計

◆四倍法

	百、十の位	一の位
□○×□○＝	(□－10)×4	○×○の一の位

（ただし、□○は 17 から 23 まで）

	百、十の位	一の位		百、十の位	一の位
17×17＝	(17－10)×4	7×7の一の位	＝	28	9
18×18＝	(18－10)×4	8×8の一の位	＝	32	4
19×19＝	(19－10)×4	9×9の一の位	＝	36	1
20×20＝	(20－10)×4	0×0の一の位	＝	40	0
21×21＝	(21－10)×4	1×1の一の位	＝	44	1
22×22＝	(22－10)×4	2×2の一の位	＝	48	4
23×23＝	(23－10)×4	3×3の一の位	＝	52	9

算が楽にできるようになりました。

計算は奥深い――。「11～19の二乗」を考える中で、こんなにもたくさんの計算方法が隠れているのです。

微分は「頭文字D」

『頭文字D』のふしぎな一致

『頭文字D(イニシャル)』(しげの秀一著)という人気漫画があります。公道最速を目指す走り屋の若者を描いた作品です。タイトルの「D」は、「ドリフト走行(drift)」の頭文字だそうですが、私はそうとは知らず勝手に「運転(driving)」の「D」と思い込んでいました。

どちらにしても、私にとって「車」と「D」から連想されるのは「微分」です。

数学の「微分」は、英語で「differential(ディファレンシャル)」といいます。じつは、車の中にも「微分(differential)」があります。それは「ディファレンシャル・ギア(differential gear)」とよばれる装置です。

大型トラックを後ろから見ると、後輪タイヤのシャフトの真ん中に大きな丸い形をしたものが見えます。あれがディファレンシャル・ギアです。日本語では「差動

◆ディファレンシャル・ギア

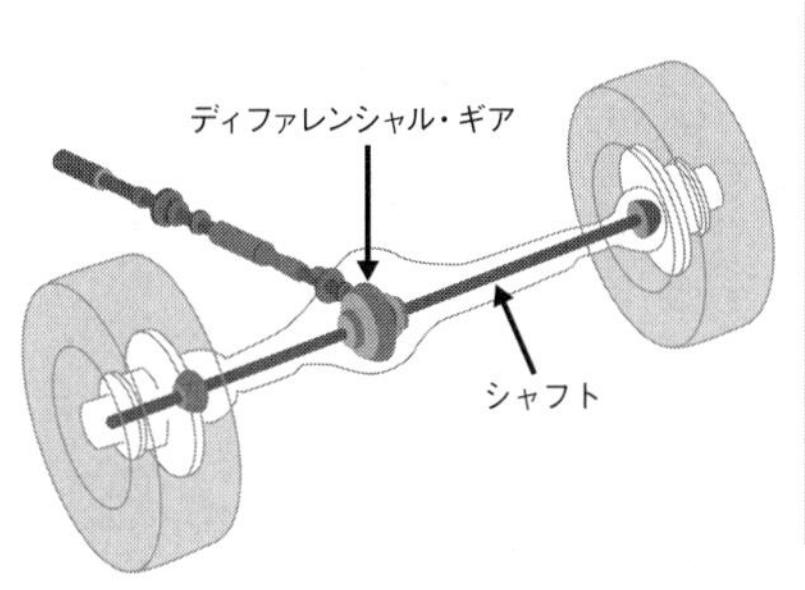

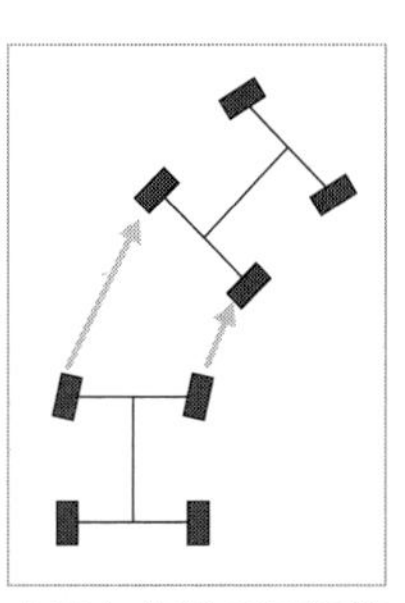
内輪と外輪の回転差

装置」と訳されているように、differentialには「差」という意味があります。

車が直進するとき、左右のタイヤは同じスピードで回っています。これは「回転差がない」状態です。

それでは、右折する場合で考えてみましょう。上図を見るとわかるように、内輪と外輪には回転差が生じます。左右両輪を同じ回転数で回転させてしまうと、曲がる場合にスムーズに曲がれなくなってしまいます。そこでギアを組み合わせることで回転差をなくすようにしたのがディファレンシャル・ギアです。

「differential」は一般的には「差」、数学的には「微分」という二つの意味を持つ言葉です。

なぜ、「差＝微分」なのでしょうか？

答えは車が教えてくれます。漫画『頭文字D』の大きなテーマは「スピード」ですが、これこそが「微分」なのです。その謎を解いていきましょう。

微分とデルタ

「変化する量がある場合」に、「瞬間の変化量をとらえたもの」を微分といいます。「瞬間」の前に考えるのが「微少量」です。これが「Δ（デルタ）」です。ちなみに、デルタのつづりは「delta」。これも「頭文字D」ですね。

関係しあう二つの変数「x」と「y」を考えてみます。「Δx」の間に「y」が「Δy」だけ変化したとします。この時の比「$\Delta y / \Delta x$」を「平均変化率」といいます。

車の場合は、「y」が位置で、「x」が時間です。一〇〇キロメートルを二時間かけて移動したならば、「Δy」は一〇〇キロメートル、「Δx」は二時間なので、平均変化率は一〇〇（キロメートル）÷二（時間）＝五〇（キロメートル／時）となりま

◆微分の定義

$$f'(a) = \lim_{x \to a} \frac{f(x) - f(a)}{x - a}$$

変化量は差

変化量は差

微分係数

関数$f(x)$について、極限が存在するとき、$f(x)$は$x = a$において微分可能であるという。この極限を$f'(a)$とし、$x = a$における$f(x)$の微分係数とよぶ。

す。これは「平均時速」のことに他なりません。

さて、この「x」の微少量「Δx」を限りなくゼロに近づけた場合、「y」の微少量「Δy」も限りなくゼロに近づきます。その比が「微分」なのです。

「Δx」「Δy」を限りなくゼロに近づけたものをそれぞれ「dx」「dy」と表します。つまり、平均変化率「Δy／Δx」の極限である「dy／dx」が微分です。「dy／dx」を求めること」を「yをxで微分する」といいます。

「Δxを限りなくゼロに近づける」ということは、「時間が限りなくゼロになる」こと。つまり、「瞬間」を表すということです。

瞬間の変化率が微分ということになります

ね。

　車の場合でいうと、平均速度に対する瞬間速度が微分です。

スピードメーターは微分メーター

　さて、車のスピードメーターは刻々の速度を表しているので、これこそ微分の値を表していることになります。スピードメーターはいわば「微分メーター」なのです。

　物理学では、「位置」を「時間」で微分したのが「速度」、「速度」を「時間」で微分したのが「加速度（アクセラレーション）」という表現になります。

　アクセルを踏み込むと、スピードメーターの針がどんどん右へと回転していく様子は、加速度を見ていることになります。つまり「速度の微分」を見ていることと同じです。

　一定の速度で車が動いている間は体に力を受けません。速度の微分（加速度）がゼロなら、力もゼロということです。しかし、アクセルやブレーキを踏み込んだ場合には、体に力を感じます。速度の微分（加速度）が正、負ならそれぞれ正、負の力が生まれているということです。

力が加速度に比例することを示したのがニュートンです。ちなみに力は物体の質量にも比例します。これが物理学でいうところのニュートン力学です。

「差＝微分」の謎

さて、スピードが微分だとわかったところで、最後の謎解きです。

なぜ「differential（ディファレンシャル）」が「差」であり「微分」——つまり「差＝微分」なのでしょうか。

「微少量Δ」とその極限である限りなくゼロに近い「d」をよく見つめ直してください。これらは「変化量」です。変化量とはすなわち差のことです。

「微少量Δ＝後の量－前の量」という差なのです。前後の差を限りなくゼロに近づけたのが「d」です。平均変化率も微分もこの差の比率だったということですね。

こうして、「差」と「微分」が結びつきました。

私がディファレンシャル・ギアを知ったのは小学校のとき、ラジコン遊びの最中でした。

ラジコンの車といえども、スピードを出すために本物の車と同じようにディファレンシャル・ギアが搭載されています。本物のディファレンシャル・ギアをいじることはできませんが、ラジコンのそれはいとも簡単に分解することができます。

手で後輪を回してみると、両輪の回転に「差」ができるのを体感することができました。そして、小学生の私には「ディファレンシャル」という何ともいえない響きが印象に残ることになったのです。

その数年後、高校生になったときに、英語の辞書の中で「differential」の意味と「数学の微分」が同じであることを知り、なるほどその二つは「差つながり」であることに納得したのでした。

最後にもう一つの「頭文字D」について。

「微分」とは「y」を「x」で微分したものですが、別名「導関数」ともよばれています。つまり、英語では「derivative（デリバティブ）」なのです。

車と微分を結び付けるふしぎなアルファベット「D」。見えないところで、車や世界を動かしている大事なしくみが「頭文字D」なのです。

微分＝差!!
なるほど

「ピアノの調律」と「ラジオの時報」の共通点

音階の正体は「周波数」

四月四日は「ピアノ調律の日」です。

さて、四月四日とピアノの間にはどんな関係があるのでしょうか。

音階（音の高低の並び）を表す「ドレミファソラシド」は、あるルールに従って決められています。音程を決めるルールとは、ある一つの音（例えばド）を基準にして、別の音（例えばソ）を決めていくというものです。

そうすると、ドから次のドまでの間にある音がすべて決まりますね。こうして、音階ができあがるのです。

ドとソを区別する方法に「周波数」という考え方があります。音は空気の振動です。それが「音波」といわれるもので、山と谷を繰り返す波で表されます。「山一つと谷一つのセット」で「波一つ」と数えて、波一つにかかる時間を「周期」とい

◆音の周波数を比べてみると……

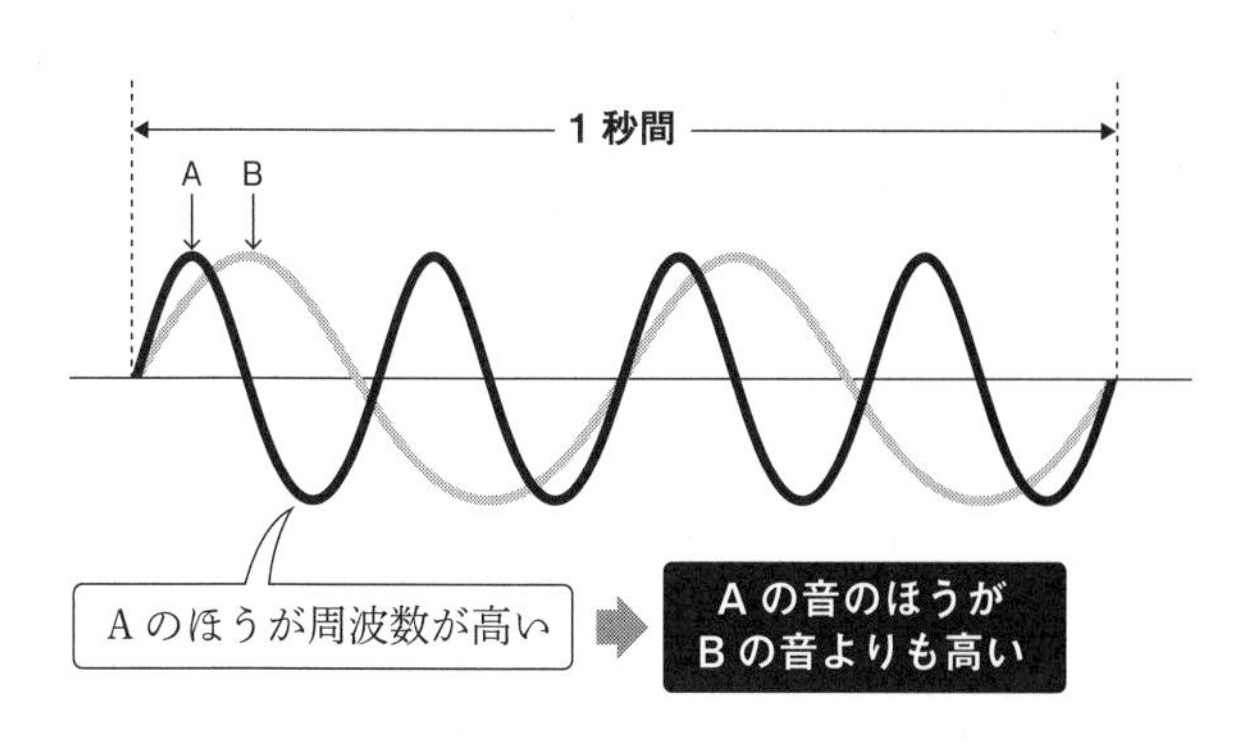

います。

また、一秒間に幾つの波が起きるかを表したのが「周波数」です。そしてこの周波数が高いほう――つまり、一秒間に波がたくさん起こるほう――が、音は高いのです。

周波数の単位はHz（ヘルツ）です。基準となる音がばらばらでは不便なので、「基準とする音をラ（英語とドイツ語ではA）の音として、その周波数を四四〇ヘルツとする」ことが、一九三九年の第二回国際標準音会議で決められました。

四四〇ヘルツとは、「一秒間に波が四四〇個ある音波」ということです。

◆音階と周波数の関係

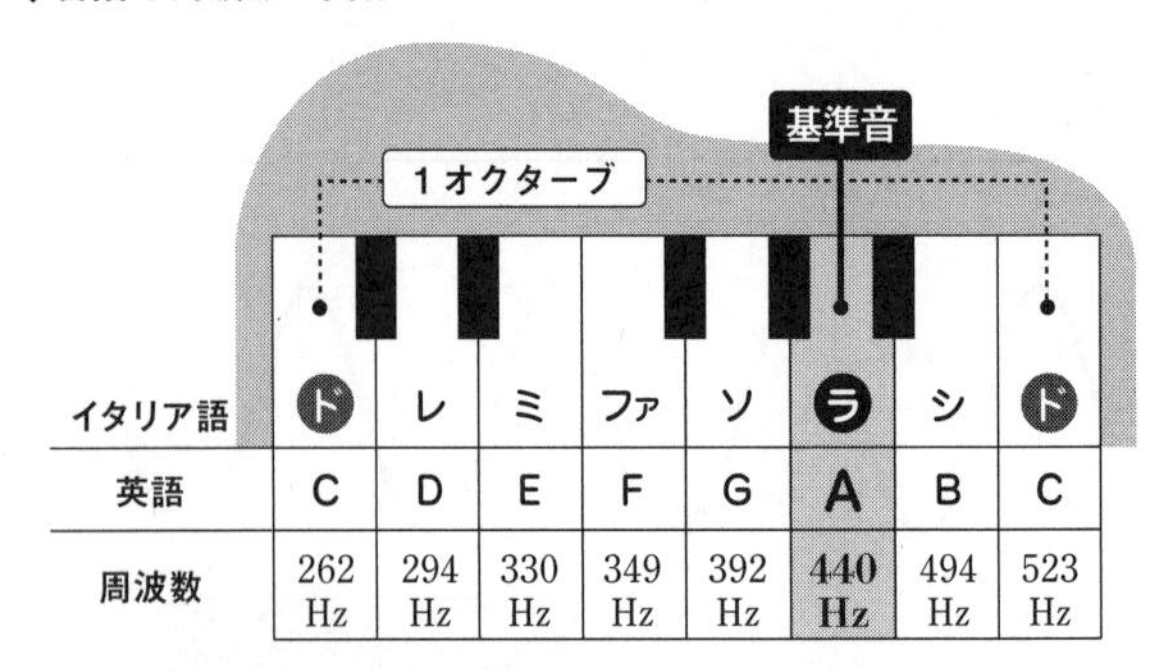

ラジオの時報は基準音

この四四〇ヘルツの音は、私たちの身近なところでも使われています。実はラジオの時報の「ピッ、ピッ、ピッ、ピーン」という音の「ピッ」が四四〇ヘルツで、「ピーン」が八八〇ヘルツなのです。

つまり、「ピッ」がラの音で、「ピーン」は一オクターブ上のラの音になっているということです。

ピアノは弦の調節「調律」をしなければなりませんが、「ラ（A）四四〇ヘルツ」を基準に調律を行います。

美しい曲を奏でるには、狂いのない音が何より大切です。音楽の世界と数学の世界は遠い存在のようですが、実は音の世界にも数は大変役に立っているのです。

四月は英語で「April」。ちょうど「A」の音が四四〇ヘルツで、四月四日にはピッタリです。そう考えると「４４０」という数字がリズミカルに見えてきますね。

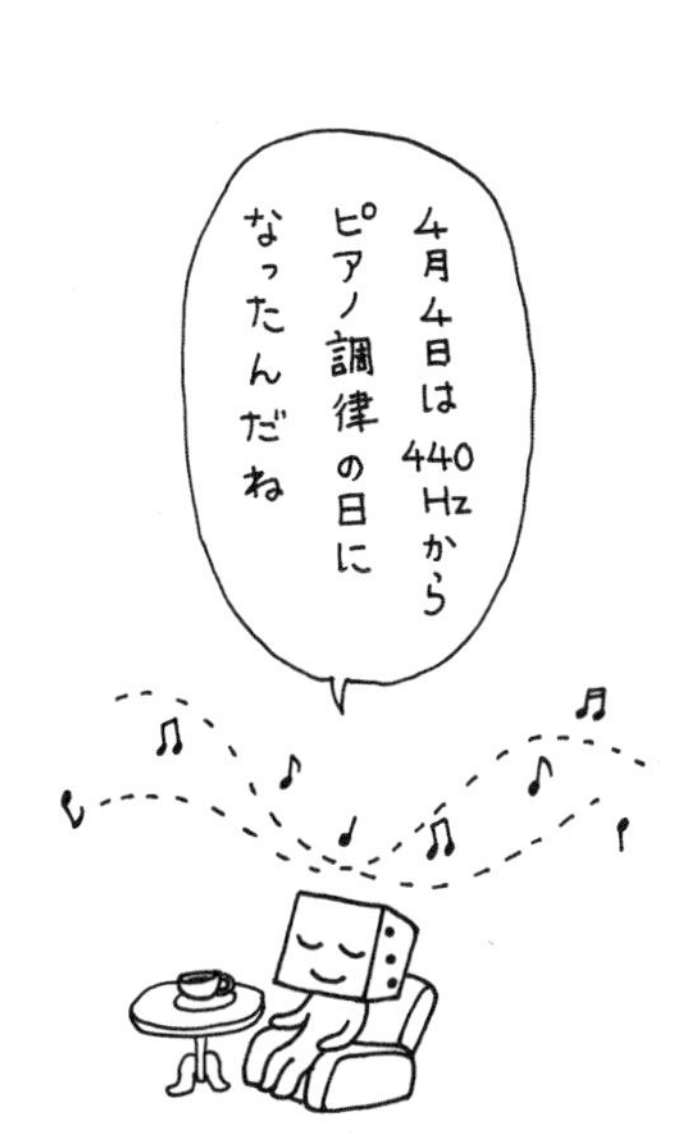

ふしぎなe

十進法と二進法

私たちは、幼い頃にはまず一〇本の指を使って、「指折り数えながら」計算することを覚えます。

〇、一、二、三、四、五、六、七、八、九…。次には、位が上がり一〇。このようにして、一、十、百、千、…と位がくり上がっていきます。

例えば「一二三四（せんにひゃくさんじゅうよん）」という数字は、「一が四つ、一〇が三つ、一〇〇が二つ、一〇〇〇が一つ」という意味です。この数の表し方の決まりを「十進法」といいます。指が一〇本あることから「十」を基本の単位として考え出された数の数え方です。

しかし、「計算ができる能力」は人間に限ったものではありません。おなじみの電卓やコンピュータは「電子計算機」ですね。

◆10進法と2進法の比較

10進法	2進法
0	0
1	1
2	10
3	11
4	100
5	101
6	110
7	111
8	1000
9	1001
10	1010

それでは、コンピュータはどうやって数を数えるのでしょうか。もちろん、コンピュータは指を一〇本持っているわけではないので、私たちのように「十進法」では数えません。

コンピュータは「0」と「1」という二つの数だけを使います。これを「二進法」といいます。

数が二つしかないので、「0、1」の次は「2」とはなりません。位が増えて「10」となります。「10」の次は「11」。その次は、桁がくり上がって「100」となります。

二進法で数を数えてみましょう。0、1、10、11、100、101、110、111、そして1000。「1000」といっても十進法の「千」と同じ数ではありません。

二進法では八番目の数字、すなわち十進法の「八」でしかありません。前頁の表をご覧いただくと、わかりやすいと思います。

二進法の「1111」は？

それでは二進法の「1111」は、十進法の数ではいくつになるでしょうか。これを順に数えていっては大変ですし、混乱してしまいます。

簡単な方法をお教えしましょう。

十進法の位は、一の位、十の位、百の位、千の位となります。

それに対して、二進法の位は一の位、二の位、四の位、八の位です。

つまり、二進法の「1111」は、八が一つ、四が一つ、二が一つ、一が一つということを表しているので「八＋四＋二＋一＝一五」となり、「1111は十進法で表すと一五」ということがわかります。

「位が表す数が違う（くり上がる数が違う）」ということに、最初は違和感を抱くかもしれませんね。

◆2進法の位の見方

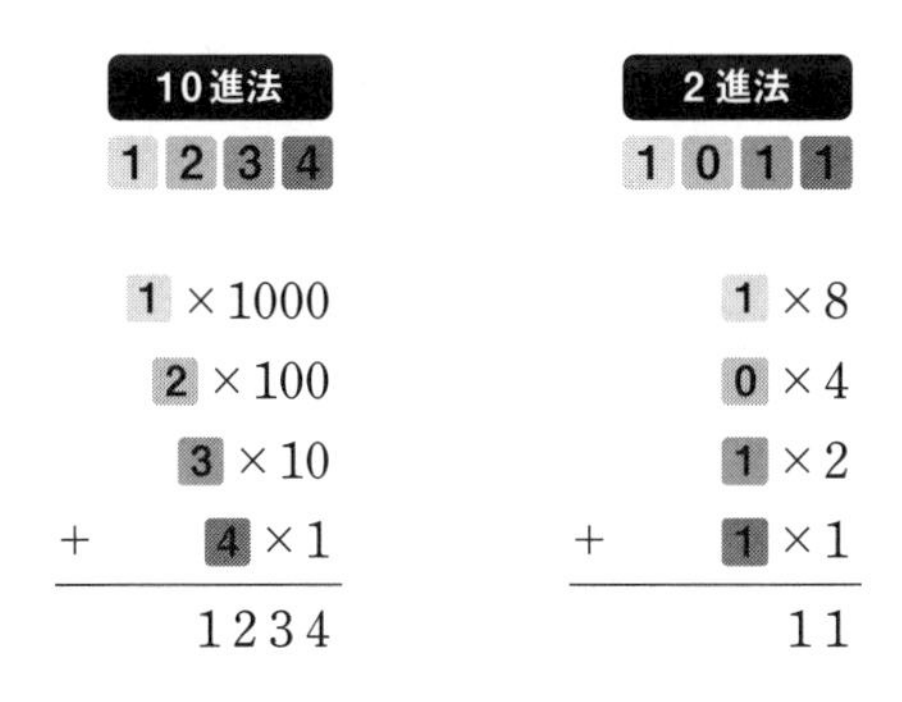

なぜコンピュータは二進法？

それでは、なぜコンピュータに「二進法」が採用されているのでしょうか。つまり、「なぜコンピュータは指の数が二本なのか」ということですね。

私たちが慣れ親しんだ「十進法」にとらわれずに、「数の数え方」をもう一度考えてみましょう。

例えば、一本の指では数を表すには足りません。それでは、「指の数が多ければ多いほどいい」のでしょうか？

数を数えるために、最適な指の本数があるのではないでしょうか？

二〇一頁の図をご覧ください。指の本数を「x」として、ある情報量を表すのに最適

――つまり「無駄のない（経済的な）x」を計算で求めることができます。

結果は、面白いことに「ネイピア数e＝自然対数の底」になるのです。

「e＝二・七一八…」なので、整数の値にすれば「三進法がベスト」で「二進法か四進法がそれに継ぐ」という結論になります。

しかし、コンピュータは「二進法」です。なぜ、ベストの「三進法」にしないのでしょうか。

その理由は、コンピュータの素材にあります。現実のコンピュータの「指」は「シリコン」という半導体でできています。半導体は条件によって「電気を通す、通さない」という性質を持つ物質です。この「電気を通す、通さない」という二パターンを表すのに「二進法」がちょうどいいのです。

ちなみに半導体の性質を持つものは他にも存在しますが、なぜシリコンが選ばれたのでしょうか。それは、普通の石にも含まれているように資源が豊富にあることに加え、「加工がしやすい」「高純度化しやすい」など多くのメリットが挙げられます。

こうして、コンピュータの数え方に「二進法」が採用された背景には「経済的で

◆最適な数え方は何進数かを調べる証明

数を x 進数で表すとする。x 進数の数を1桁を表すのに x 個の記憶素子が必要と仮定した場合、n 桁の数を表す場合に必要とされる記憶素子の数 N は

$$N = nx$$

ところで、n 桁の数を x 進数で表すと1桁について n 通りの数を表すことになるので n 桁では x^n 通りの数を表すことができる。これを情報量 I とする。

$$I = x^n \Leftrightarrow n = \log x I = \frac{\log_e I}{\log_e x}$$

すると、n 桁の数を表す場合に必要とされる記憶素子の数 N は情報量 I を用いて

$$N = nx = \frac{\log_e I}{\log_e x}\ x = \log_e I \times \frac{x}{\log_e x}$$

と表される。情報量 I を一定（I を定数とする）とした場合、記憶素子の数 N を最小にする x を求めるには、N を x で微分すればよい。

$$\begin{aligned}\frac{dN}{dx} &= \log_e I \times \frac{d}{dx}\frac{x}{\log_e x}\\ &= \log_e I \times \frac{x' \log_e x - (\log_e x)'}{(\log_e x)^2} \quad \text{（商の微分法）}\\ &= \log_e I \times \frac{\log_e x - x \cdot \frac{1}{x}}{(\log_e x)^2}\\ &= \log_e I \times \frac{\log_e x - 1}{(\log_e x)^2}\end{aligned}$$

したがって、これが0のとき

$$\log_e x - 1 = 0 \Leftrightarrow x = e = 2.718\cdots$$

この前後で $\frac{dN}{dx}$ の符号は負から正に変化するので、記憶素子の数 N は e 進数を用いた場合に最小となる。つまり、数の表し方は e 進数が最も経済的である。

ある」という理由もあったのですね。

ネイピアと計算機

ところで、機械による計算は、昔から考えられてきましたが、スコットランドの数学者ジョン・ネイピアも「ネイピアの計算棒」とよばれる計算機を発明していました。

そのしくみは、かけ算の「九九」が印刷された棒を数本用いることで、大きな数のかけ算を楽に行えるようにしたものです。

ジョン・ネイピア（一五五〇〜一六一七）
城主、数学者

「ネイピアの計算棒」の発明後、彼は二十年をかけて対数をつくりあげました。対数とは「かけ算を足し算に、割り算を引き算にかえる計算」です。対数のおかげで天文学的な計算がずいぶんと簡単になるため、「多くの天文学者や数学者を助けた計算方法」ともいえます。二〇一頁で紹介した「x進数」を求める計算でも対数が活躍しています。

このとき、ネイピアは自分の考えた対数の中に、後に「ネイピア数」と名付けられる数「e」が潜んでいようとは夢にも思わなかったでしょう。

さらには、未来の機械式計算機（現在のコンピュータ）の最適な数の表し方が「e進数」であろうとは……。もしネイピアがそのことを知ったならば、きっと驚くはずです。

数の世界に限らず、私たちの生きている宇宙では「ある発見が、まったく別の問題の解答につながっている」というふしぎな現象があります。

あなたの周りの電卓やコンピュータにも、このような「数の神秘」が潜んでいるのです。

素数のワンダーランド

気まぐれな素数

素数とは、根源的、基礎的、そして本質的な数です。

素数の出現は気まぐれであり、結局のところ、その秘密はまだ闇の中にあります。しかしその問いによって見えてくる「新たな世界」があります。

素数の研究は、第一級の研究を導き、数学を更なる高みへと引き上げました。また、素数は数学の中にとどまらず、現代の生活を支えるうえでも、最も重要な数ともいえます。

何世紀にもわたり数学者を魅了する「素数」。その中でも特にユニークな「素数グループ」をご紹介しましょう。

未解決な「双子素数」

素数には、今なお未解決の問題がいくつもあります。中でも有名なのが「双子素数」についての予想です。双子素数とは「差が二の素数の組」で、一九一六年にステケルにより命名されました。はじめの双子素数は（3，5）（5，7）（11，13）（17，19）です。これが無限にあるだろうと予想されています。しかしその証明は、いまだできていません。

「双子素数の逆数の和が1・902160583104…である」とは、どういうことでしょうか。

二〇七頁の式をご覧ください。ノルウェーの数学者ヴィーゴ・ブルンによって、この和は「収束する（ある一つの値になる）」ことが証明されています。この数は「ブルン定数」とよばれています。

もし、双子素数の逆数の和が収束せずに、無限大に発散している（限りなく大きくなる）ことが示されたとしたら、双子素数は無限にあることになります。

◆双子素数予想

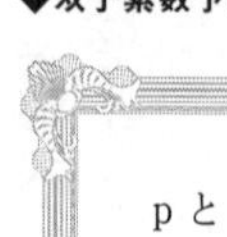

p と p + 2 がともに素数であるような素数 p が無限に存在する。そして、その逆数の和が 1.902160583104…である。

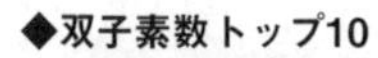

◆双子素数トップ10

ランク	素数	桁数	発見年
1	$3,756,801,695,685 \times 2^{666,669} \pm 1$	200,700	2011
2	$65,516,468,355 \times 2^{333,333} \pm 1$	100,355	2009
3	$2,003,663,613 \times 2^{195,000} \pm 1$	58,711	2007
4	$194,772,106,074,315 \times 2^{171,960} \pm 1$	51,780	2007
5	$100,314,512,544,015 \times 2^{171,960} \pm 1$	51,780	2006
6	$16,869,987,339,975 \times 2^{171,960} \pm 1$	51,779	2005
7	$33,218,925 \times 2^{169,690} \pm 1$	51,090	2002
8	$22,835,841,624 \times 7^{54,321} \pm 1$	45,917	2010
9	$1,679,081,223 \times 2^{151,618} \pm 1$	45,651	2012
10	$84,966,861 \times 2^{140,219} \pm 1$	42,219	2012

◆ブルン定数

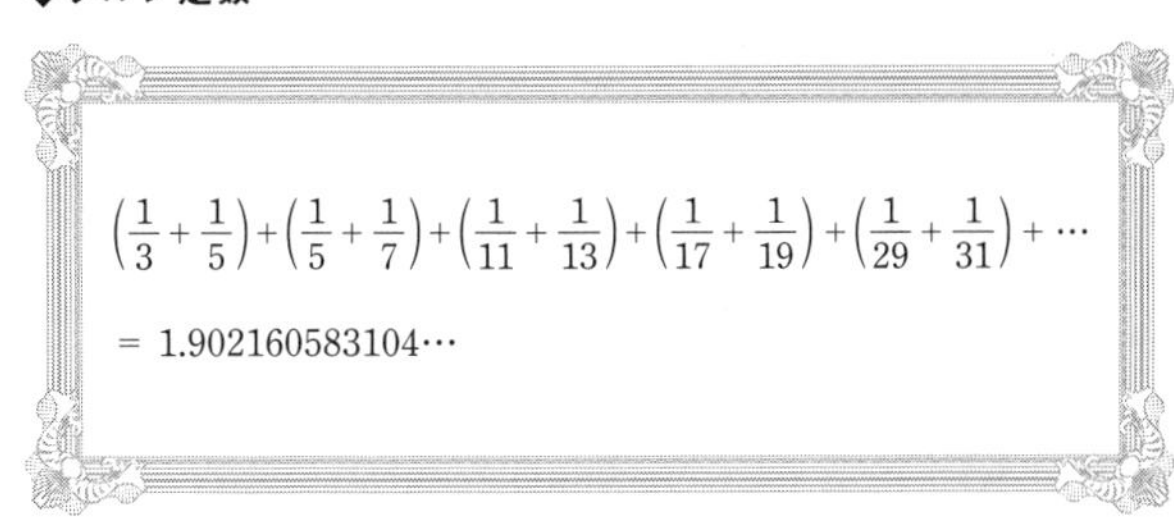

$$\left(\frac{1}{3}+\frac{1}{5}\right)+\left(\frac{1}{5}+\frac{1}{7}\right)+\left(\frac{1}{11}+\frac{1}{13}\right)+\left(\frac{1}{17}+\frac{1}{19}\right)+\left(\frac{1}{29}+\frac{1}{31}\right)+\cdots$$

$$= 1.902160583104\cdots$$

しかし、そうはなりませんでした。

「双子素数の逆数の和は有限な値に収束する」ことがブルンによって証明されたのです。その数は「１・９０２１６０５８３１０４…」。

ブルン定数が教えてくれることは、双子素数の数が有限なのか無限なのかはわからないということです。

こうして「双子素数予想」はいまだ謎に包まれたままなのです。

「いとこ素数」と「セクシー素数」

「差が四の素数の組」を「いとこ素数（cousin primes）」といいます。小さい順から並べると、（3，7）（7，11）（13，17）（19，23）（37，41）（43，47）（67，71）（79，83）（97，１０１）…となります。

さらに、面白い名前の素数が続きます。「差が六の素数の組」を「セクシー素数」といいます。ラテン語で「六」は「sex」。そこから「セクシー素数（sexy primes）」とよばれているのです。

小さい順から並べると、（5，11）（7，13）（11，17）（13，19）（17，23）（23，29）（31，37）（37，43）（41，47）（47，53）（53，59）（61，67）（67，73）（73，79）（83，89）（97，103）…となります。

二〇〇九年には、一万一五九三桁のセクシー素数の組が発見されました。

また、「差が六である三つの素数の組（p，p＋6，p＋12）」は、「セクシー素数の三つ子（sexy prime triplets）」とよびます。

小さい順から並べると、（7，13，19）（17，23，29）（31，37，43）（47，53，59）（67，73，79）（97，103，109）…です。

ただし、「セクシー素数の三つ子」は、「p＋12」の次の「p＋18」が素数でない場合に限ります。「p＋18」も素数となる場合の四つ組（p，p＋6，p＋12，p＋18）は、「セクシー素数の四つ子（sexy prime quadruplets）」とよばれます。

小さい順から並べると、（5，11，17，23）（11，17，23，29）（41，47，53，59）（61，67，73，79）…です。

ちなみに、五つの素数の組（p, p＋6, p＋12, p＋18, p＋24）は、「セクシー素数の五つ子（sexy prime quintuplets）」とよばれ、（5, 11, 17, 23, 29）しか存在しません。

こうして、困難を極める素数の世界にあって、人は数の探査を果敢に続け、さまざまな素数のプロフィールを見つけ出しています。

そして、「名前を与えられた素数たち」は、人々に知られることになるのです。

もしかしたら、まだ誰にも発見されていない規則性によって、素数は並んでいるのかもしれません。素数は、自分たちが見つけられる日を、数のワンダーランドで遊びながらずっと待っている。――私には、そんな気がしてなりません。

番外編

ビックリ！ とっておきの計算術

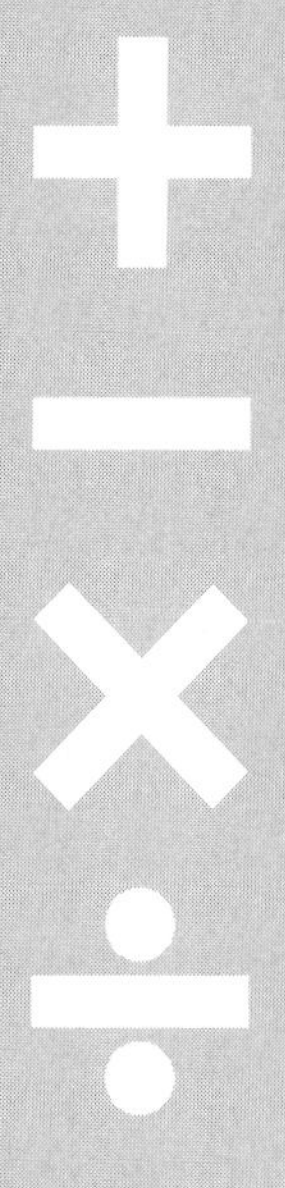

計算術の奥は深い！

両手を使う計算術その1　かけ算九九　九の段　9×3

かけ算九九の九の段は両手を使って簡単に計算できます。

まず手の裏を自分にみせて両手をそろえます。次に9×○ならば左から○本目の指を折ります。9×③であれば、左から③本目の指を折ります。すると、折った指の左側に立っている指は2本、右側に立っている指は7本となりますが、それぞれ9×3の十の位と一の位の数となるので答えは27とわかります。

9×8であれば、左から8本目の指を折ります。折った指の左右の指の数はそれぞれ7本と2本なので72ということです。9×1の場合は1本目の指は左手の親指です。その左側には指がないので十の位は0、右側の指は9本なので一の位は9、よって9×1＝09となります。9×10の場合は10本目の指は右手の親指です。その左側の指は9本なので十の位は9、右側には指がないので一の位は0、よって9×

◆**両手を使うかけ算の基本**

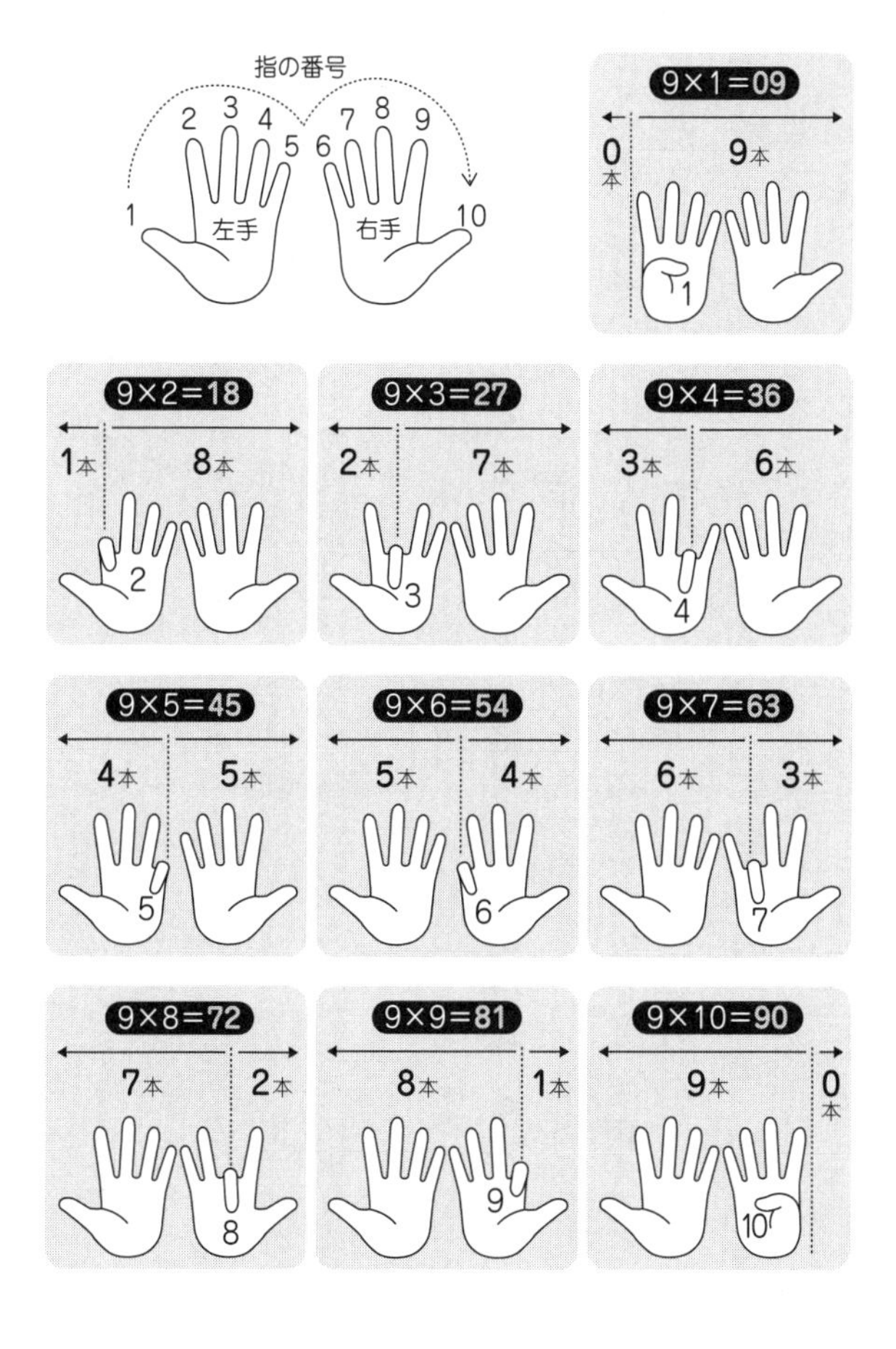

10＝90となります。

九の段を順に書き出してみると、答え（積）にルールが見つかります。一の位は9、8、7、6、5、4、3、2、1と小さくなり、逆に十の位は0、1、2、3、4、5、6、7、8、9と大きくなります。そして十の位と一の位の和は9です。両手合わせて10本の指のうち1本の指を折れば、残りは9本です。左の親指から順に折ることで答えの十の位が折った指の左側に、一の位が右側に現れるようになります。

両手を使う計算術その2　かけ算九九　5以上同士のかけ算　9×8

九の段以外にかけ算九九を両手で計算する方法があります。9×8を例に説明してみます。計算術その1と同じように、まず手の裏を自分にみせて両手をそろえます。左手が9、右手が8を表すようにします。それぞれ10との差だけ指を折ります。左手は10－9＝1（本）、右手は10－8＝2（本）です。これで準備OKです。立っている指の合計を数えると左手が4本、右手が3本なので4＋3＝7（本）です。これが答えの十の位になります。最後に折った指の数同士の積を計算します。

◆九の段のかけ算

				ケタの和	
●くいちがく	9 × 1 =	9	➡	0 + 9 =	9
●くにじゅうはち	9 × 2 =	18	➡	1 + 8 =	9
●くさんにじゅうしち	9 × 3 =	27	➡	2 + 7 =	9
●くしさんじゅうろく	9 × 4 =	36	➡	3 + 6 =	9
●くごしじゅうご	9 × 5 =	45	➡	4 + 5 =	9
●くろくごじゅうし	9 × 6 =	54	➡	5 + 4 =	9
●くしちろくじゅうさん	9 × 7 =	63	➡	6 + 3 =	9
●くはしちじゅうに	9 × 8 =	72	➡	7 + 2 =	9
●くくはちじゅういち	9 × 9 =	81	➡	8 + 1 =	9

◆両手を使う５以上同士のかけ算

＜9×8の場合＞

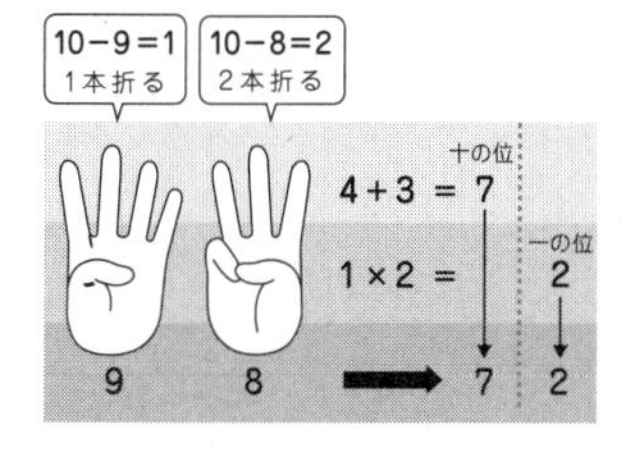

＜6×5の場合＞

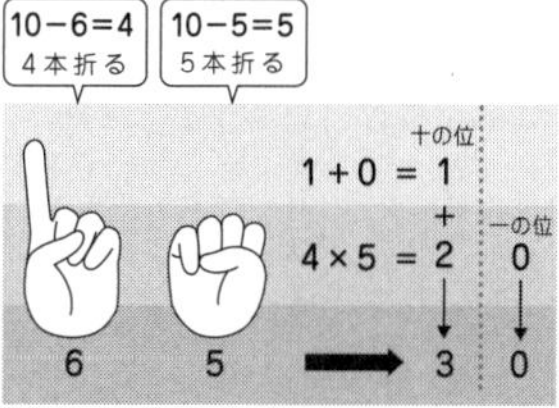

＜6×7の場合＞

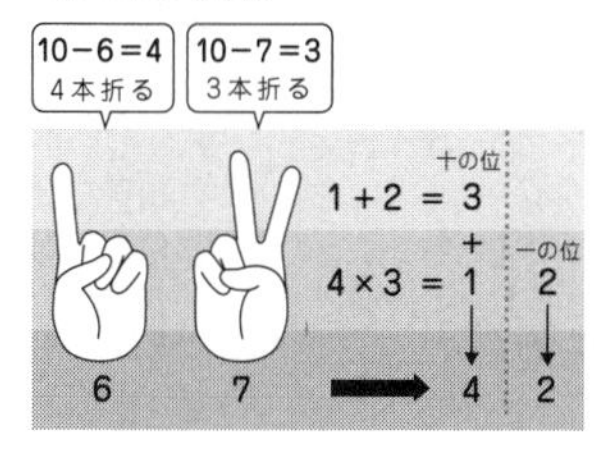

◆式で説明すると……

$$9 \times 8 = (10 - ❶) \times (10 - ②)$$
$$= 10 \times 10 - ❶ \times 10 - 10 \times ② + ❶ \times ②$$
$$= (10 - ❶ - ②) \times 10 + ❶ \times ②$$
= （立っている指の数 7）× 10 +（折った指の数同士の積 2）
$$= 72$$

×10でくくる

左手、右手それぞれ1本、2本なので1×2＝2です。これが答えの一の位になります。9×8＝72というわけです。

6×7ならば、左手は10－6＝4（本）の指を折り、右手は10－7＝3（本）の指を折ります。立っている指同士の和は1＋2＝3、折っている指同士の積は4×3＝12となるので、答えの十の位は3に12の十の位1を足した4、一の位は12の一の位2となり6×7＝42となります。

この計算術は、折った指同士の積の計算、すなわち5以下同士のかけ算九九がわかっていれば、5以上同士のかけ算九九が計算できるというものです。これを式で説明してみると右図のようになります。９と８をそれぞれ10－１、10－２と表してかけ算することで１と２（折った指の数）を使った計算に変換しています。

両手を使う計算術その３　１００に近い数同士のかけ算　98×97

計算術その２は大きな数に応用することができます。１００に近い数同士のかけ算は、１００との差を利用することで楽に答えを求めることができます。98×97を例に説明してみます。

STEP1　98と97、それぞれ１００との差を求める。98は2、97は3。忘れないよう左手の指を２本、右手の指を３本立てておくとよいでしょう。

STEP2　２と３の和を計算し、１００からその和を引いた値を答えの百の位以上とする。１００－５＝95。

STEP3　２と３の積を計算し、答えの下２桁（十の位以下）とする。２×３＝６のように１桁になる場合には06とする。

STEP4　ステップ２の95とステップ３の06をあわせて９５０６とすれば答え

◆100に近い同士のかけ算

$$98 \times 97 = \boxed{95}\boxed{06}$$

2　　3（100との差）

100−(2+3)　　2×3

$$99 \times 99 = \boxed{98}\boxed{01}$$

1　　1（100との差）

100−(1+1)　　1×1

$$\begin{aligned} 98 \times 97 &= (100-2) \times (100-3) \\ &= 100 \times 100 + 100 \times (-3) + 100 \times (-2) + (-2) \times (-3) \\ &= 100 \times \{100 - (2+3)\} + 2 \times 3 \\ &= 95 \times 100 + 6 \\ &= 9506 \end{aligned}$$

(2+3)：折った指の数同士の和

2×3：折った指の数同士の積

となる。

99×99ならば、（ステップ1）１００との差は1と1。（ステップ2）１＋１＝2を１００から引いて98。（ステップ3）１×１＝１より下2桁は01。（ステップ4）98と01をあわせて９８０１が答え。

一見大きな数同士のかけ算は面倒に思えますが、１００との差が小さい数になるので逆に計算が楽になるのが面白いところです。

9で割るわり算は急にできる!?

かけ算九九の九の段のように、９で割るわり算にも面白い計算術があります。

42÷９＝４余り６、は次のように計算できます。

42の十の位が商の４、42の桁の和４＋２＝６が余りとなります。70÷９であれば、70の十の位7が商、70の桁の和７＋０＝７が余りということです。２桁の数を割る場合にはあっけなく商と余りが求まります。

これが３桁の数になっても面白いように商が求まります。１５２÷９であれば、商の十の位が152の百の位の1、商の一の位が152の百の位1と十の位5の和1+5=6となります。余りは桁の和になるのは2桁の場合と同じです。152の桁の和1+5+2=8が余りとなり、152÷9=16余り8。321÷9ならば、商の十の位が321の3、商の一の位が321の3+2=5、余りが321の桁の和3+2+1=6だから321÷9=35余り6。

わり算にもかかわらず、かけ算とひき算なしに、数の移動とたし算で商と余りが計算できてしまうところが愉快です。まさに9で割るわり算は急にできるということです。

桁の和が9以上の場合は次のように計算します。769÷9であれば、商の十の位は7、商の一の位は7+6=13なのでこの時点での商は83です。桁の和は7+6+9=22となり9以上です。そこで、余りの22を9で割ります。22÷9は、商が2、余りが4です。この4が最終的な余りです。そして商の2を最初の商の83に繰り上げて、最終的な商は83+2=85とします。

これで商85余り4が求められます。

◆2桁の数、3桁の数を9で割る場合

42 ÷ 9 は……

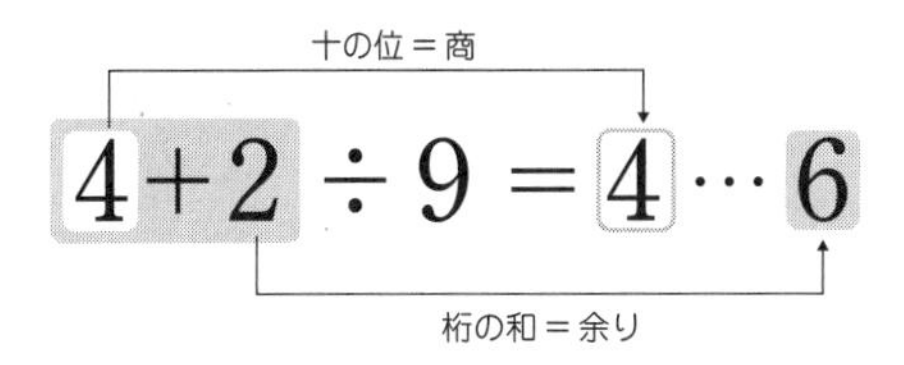

152 ÷ 9 は……

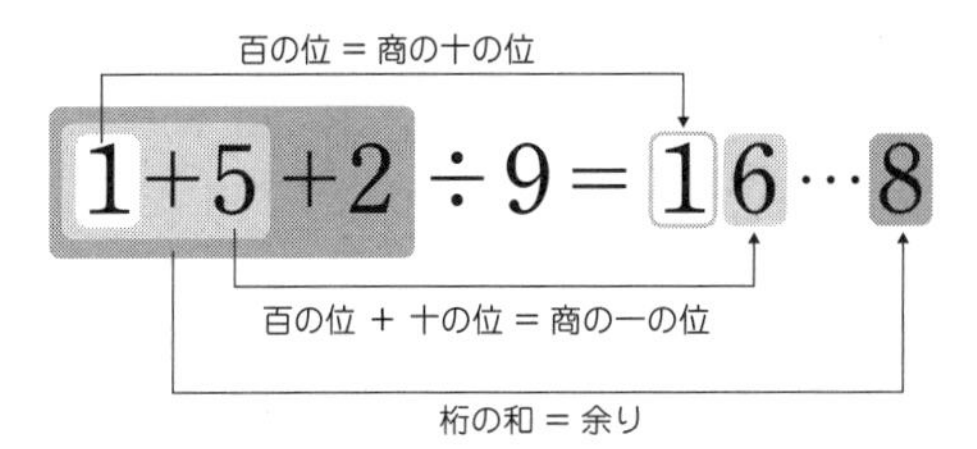

◆桁の和が9以上の場合

7 6 9 ÷ 9 は……

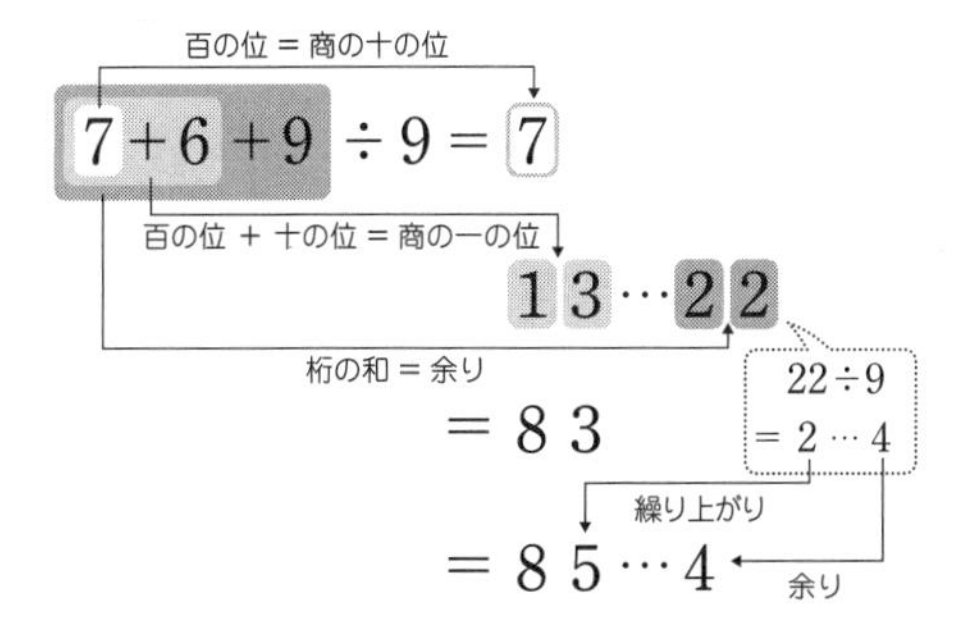

おわりに

いかがでしたでしょうか。

『面白くて眠れなくなる数学』『超 面白くて眠れなくなる数学』と続いたシリーズも、本作『超・超面白くて眠れなくなる数学』で三作目を迎えました。

筆者が、読者の皆さまに伝えたかったのは「世界は数学でできている」ということです。

数学。

その響きに何を感じるのかは人それぞれでしょう。数学が苦手で、数学と聞いただけで、耳をふさぎたくなり、目をそむけたくなる人がいるとすれば、それはもったいないことです。

私たち人類は、人と人が話すための言葉をつくり上げてきました。その言葉を使って私たちは考え、そして意思疎通を図ることができるようになりました。

ただし、言葉には、国や地域による大きな限界があります。いわゆる「言葉の壁」です。

それに対して、数学はそれらのさまざまな言語を越えた存在です。何かを数える時には、数が付随します。面白いことに、例えば「二」という数も、「点」という形も、目の前に取りだして、触ることができない存在です。

私たちは長い時間をかけて、身のまわりに見えるモノの背後にある、見えない数と図形の秘密を見つけてきました。

そして、目に見えない数と図形の秘密の間にさらに深い関係を発見するに至りました。それが数学です。数学を通して私たちは見えている以上の真実を手に入れることができました。

まさに、現代の私たちの生活は、数学に支えられて成り立っているといっても過言ではありません。コンピュータとインターネットの世界はどれだけ多くの現代数学によって支えられているか、本書の中でも取りあげました。さらには、物理学における宇宙やミクロの世界。

工学における高精度なものづくり。

そして経済学における「市場」。

どれも人間が手に取ることが叶わない世界です。にもかかわらず、私たちがその世界を手中におさめることができたのは「数学」のおかげです。


「世界は数学でできている」

それは、世界の一部分である私たちも「数学的存在」――つまり人は数学でできていることを意味することになります。教科書の中の算数・数学がよくわからなかったからといって数学をあきらめるのは、あまりにももったいないことです。

人間だけに与えられた特権としての数学、その魅力と面白さに気づくことはその人に深い歓びと感動を与えてくれることにつながります。

数学は、あなたのすぐそばに隠れながら、関心をもってもらえる日が来るのを待ち続けています。


現代ほど数学を学ぶに好都合な時代はありません。先人が積み上げて、準備してきた成果のおかげで、まだ見ぬ数の世界を垣間見ることが可能だからです。
あせらず、あわてず、あきらめず、数学の門の扉を開くならば、誰でも、いつか
は自分だけの数学の扉に巡り会えると、筆者は信じています。
本書がその一助になるならば、これほどの歓びはありません。

計算とは旅
イコールというレールを数式という列車が走る
旅人には夢がある
ロマンを追い求める果てしない計算の旅
まだ見ぬ風景を探して、きょうも旅はつづく

二〇一二年七月

桜井 進

文庫化に寄せて

数学のショートショート。第1弾『面白くて眠れなくなる数学』、第2弾『超面白くて眠れなくなる数学』、そして第3弾の本作品はすべて1テーマ数見開き完結を基本にしています。さっと本を手にとり、どこからでも読み始められます。数学に関心がある人以外に、一般に教科書以外に数学の本というものを手にする機会は滅多にありません。いきなり長編小説を読むように数学書を読む機会はさらに少なくなります。書店や図書館に並ぶ数学書の数は小説のそれには遠く及びません。

紀元前3世紀、古代ギリシャのユークリッドによる『原論』を学問としての数学のスタートとみるならば、数学には二千年余の歴史があることになります。国境、人種、言語、宗教を越えて数学は今日まで綿々とつらなってきたことに驚かされます。数学が持つ普遍性がその根底にあることは言うまでもありませんが、世界中の言語で数学が本に纏(まと)められてきたことも大きな要因と言えます。そう考えると数学とは、『原論』から二千年間つづく壮大なシリーズと見ることができます。いったい何冊になるのか、想像すらできない数です。数学にとっても本は必要不可欠なメディアであると言えます。筆者にしても数多くの数学書のおかげで、数学を獲得することができました。数学の本に綴られているのは概念（イデア）です。数の概念、形の概念、関数の概念、微分の概念というように数学は概念の総体です。

人類は数万年前に動物の骨に刻みを入れることで獲物の数を表していました。当時は数は概念には至っていません。実に数万年を経て数の概念がつくられたことになります。概念は目に見えない存在です。数は形も色も重さもない存在です。それを見えるようにしたもの、すなわち数のシンボルが数字です。

概念は人間の思考の積み重ねにより言葉に結実し、数学は本という形に姿を変えます。数学は真に難しいということです。一方、数学を使うことは容易です。数は概念であるという理解なしに誰でも数字は使えます。方程式も教科書に書かれた公式（アルゴリズム）に従えば、解くことができます。言葉のおかげです。兆、億、京といった言葉があるおかげで大きな数を簡単に扱うことができます。

はたして筆者は以下のような数学観を持つに到りました。

「数学は人類叡智の結晶」

「数学は至極の芸術」

「数学ほど役に立つものはない」

「世界は数学でできている」

以上の内容を説明しようものなら、それぞれ1冊の本になります。

筆者はサイエンスナビゲーター®として数学を啓蒙することを仕事にしています。仕事をする中で気づいたのが数学を俯瞰することの重要性・必要性です。数学を学びたい、使いたい人にはその目的に合った数学書がたくさんあります。そうではなく、「数学とは何か」というそもそもの問いに興味を持つ人のために、方程式の解き方ではなく方程式にまつわる物語を伝えることです。それがショートショートのスタイルで数学を語ることでした。本家本元のショートショートは小説です。本書のそれは小説ではありませんが、星新一のショートショートのなんとも言えない読みやすさを目指しました。

文庫になり、さらに手に取りやすくなった本書が、読者にとって数学という真実の物語への誘い(いざな)いになってもらえたならば著者として望外の喜びです。

桜井 進

参考文献

『岩波 数学入門辞典』（青本和彦他編著 岩波書店）
『岩波数学辞典―第四版』（日本数学会編集 岩波書店）
『通信の数学的理論』（クロード・E・シャノン、ワレン・ウィーバー著 植松友彦訳 ちくま学芸文庫）
『数学名言集』（ヴィルチェンコ著 松野武他訳 大竹出版）
『ラマヌジャン書簡集』（B・C・バーント、R・A・ランキン著 細川尋史訳 シュプリンガー・フェアラーク東京）
『人に教えたくなる数学』（根上生也著 サイエンス・アイ新書）
『和算の歴史』（平山諦著 ちくま学芸文庫）

著者紹介
桜井 進（さくらい　すすむ）
1968年、山形県生まれ。東京工業大学理学部数学科卒業、同大学大学院社会理工学研究科博士課程中退。サイエンスナビゲーター®。
株式会社sakurAi Science Factory 代表取締役CEO、東京理科大学大学院非常勤講師。
在学中から、講師として教壇に立ち、大手予備校で数学や物理を楽しく分かりやすく生徒に伝える。2000年、日本で最初のサイエンスナビゲーター®として、数学の歴史や数学者の人間ドラマを通して数学の驚きと感動を伝える講演活動をはじめる。小学生からお年寄りまで、誰でも楽しめて体験できるエキサイティング・ライブショーは見る人の世界観を変えると好評を博す。世界初の「数学エンターテイメント」は日本全国で反響を呼び、テレビ、新聞、雑誌など多くのメディアで話題になっている。
おもな著書に「面白くて眠れなくなる数学」シリーズ（PHPエディターズ・グループ）、『感動する！数学』（PHP文庫）などがある。

本書は、2012年9月にＰＨＰエディターズ・グループから刊行された『超·超面白くて眠れなくなる数学』を改題し、加筆・修正したものである。

ＰＨＰ文庫　超絶！ 面白くて眠れなくなる数学

2023年３月13日　第１版第１刷

著　者　　桜井　進
発行者　　永田貴之
発行所　　株式会社ＰＨＰ研究所
東京本部　〒135-8137 江東区豊洲5-6-52
ビジネス・教養出版部　☎03-3520-9617(編集)
普及部　☎03-3520-9630(販売)
京都本部　〒601-8411 京都市南区西九条北ノ内町11
PHP INTERFACE　https://www.php.co.jp/

組　版　　有限会社エヴリ・シンク
印刷所
製本所　　図書印刷株式会社

ISBN978-4-569-90311-8

PHP文庫

面白くて眠れなくなる天文学

縣 秀彦 著

古代人の星座活用の話から、月や太陽など身近な天体の不思議、アストロバイオロジーによる最新の宇宙論まで、魅力的に伝える本。

PHP文庫

面白くて眠れなくなる植物学

稲垣栄洋　著

累計70万部突破の人気シリーズの植物学版。木はどこまで大きくなる？　植物はなぜ緑色？　想像以上に不思議で謎に満ちた植物の生態に迫る。

PHP文庫

面白くて眠れなくなる物理

左巻健男 著

透明人間は実在できる？　空気の重さはどれくらい？　氷が手にくっつくのはなぜ？　身近な話題を入り口に楽しく物理がわかる一冊。

PHP文庫

面白くて眠れなくなる化学

左巻健男 著

火が消えた時、酸素はどこへ？　水を飲み過ぎるとどうなる？　不思議とドラマに満ちた「化学」の世界をやさしく解説した一冊。

PHP文庫

面白くて眠れなくなる解剖学

坂井建雄 著

腹筋が割れるのはなぜ？　あなたの肺は何色？　TV「世界一受けたい授業」出演の解剖学者が、人体のふしぎをやさしく解き明かす。

PHP文庫

面白くて眠れなくなる人体

坂井建雄 著

鼻の孔はなぜ2つあるの？　脳そのものは、痛みを感じない？　最も身近なのに「未知の世界」である人体のふしぎを、わかりやすく解説！

PHP文庫

感動する！ 数学

桜井 進 著

「数学は宇宙共通の言語」「ドラえもんはアインシュタインだった！」など、ワクワクする内容が盛り沢山の、数学を思いっきり楽しむ本。